普通高等院校土建类专业系列教材

工程力学实验指导

主　编　杨　帆　郭　丹

副主编　李　铭　薛　山　凤　涛

北京理工大学出版社
BEIJING INSTITUTE OF TECHNOLOGY PRESS

内容简介

本书根据教育部高等学校工科工程力学实验教学的基本要求，并参照理论力学和材料力学实验课程的教学基本要求编写而成，以适应科学技术的发展和教学改革的要求。

全书分为7章，外加4个附录。第1章为绪论，第2章为电测法理论，第3章为理论力学实验，第4章为材料力学实验，第5章为设计性实验，第6章为实验仪器及设备，第7章为分析思考与训练；附录Ⅰ为误差分析及数据处理，附录Ⅱ为金属材料拉伸现象的细微观解释，附录Ⅲ为实验报告，附录Ⅳ为工程力学实验的国家标准。

本书主要面向工科各专业本科学生，也可作为普通高等工科学校和成人专科工程力学实验课程的教材，还可供有关工程技术人员参考。

图书在版编目（CIP）数据

工程力学实验指导/杨帆，郭丹主编.—北京：北京理工大学出版社，2020.3
ISBN 978-7-5682-8170-6

Ⅰ.①工…　Ⅱ.①杨…　②郭…　Ⅲ.①工程力学-实验-高等学校-教材　Ⅳ.①TB12-33

中国版本图书馆CIP数据核字（2020）第030416号

出版发行／北京理工大学出版社有限责任公司
社　　址／北京市海淀区中关村南大街5号
邮　　编／100081
电　　话／（010）68914775（总编室）
（010）82562903（教材售后服务热线）
（010）68948351（其他图书服务热线）
网　　址／http：//www.bitpress.com.cn
经　　销／全国各地新华书店
印　　刷／天津久佳雅创印刷有限公司
开　　本／787毫米×1092毫米　1/16
印　　张／12
字　　数／259千字
版　　次／2020年3月第1版　2020年3月第1次印刷
定　　价／37.00元

责任编辑／陆世立
文案编辑／赵　轩
责任校对／刘亚男
责任印制／李志强

图书出现印装质量问题，请拨打售后服务热线，本社负责调换

前　言

为了真正做到理论联系实际，切实提高在校大学生的实验技能和工作实践能力，根据理论课的教学要求，同时适应教育部关于工科高等学校基础课力学实验教学，我们编写了本书。

全书共包括7章及4个附录。第1章为绪论，讲述了学生实验应遵守的一些规则，阐述了工程力学实验的任务和地位。第2章为电测法理论，讲述了电测法的原理和应用。第3章为理论力学实验，包括单自由度振动实验，科氏惯性力演示实验，回转体的动平衡实验，安全带锁紧演示实验，用扭摆法测定物体的转动惯量，工程结构构件内力测量，往复机械位移、速度、加速度的测量，旋转机械轴承附加动反力的测量。第4章为材料力学实验，主要介绍了材料力学的6个基础性实验，详细讲述了金属材料的拉伸实验、金属材料的压缩实验、金属材料的扭转实验、金属材料的剪切实验、纯弯曲梁的正应力测试、剪切弹性模量G的测定以及压杆稳定实验。第5章为设计性实验，具体讲述了金属材料弹性模量E和泊松比μ的测定、弯扭组合空心轴主应力测定、电阻应变片的粘贴实验、复合材料的拉伸实验。第6章为实验仪器及设备，对实验中需用的仪器及设备进行了详细的介绍。第7章为分析思考与训练，针对全书内容安排了相应习题，以巩固学生所学知识。附录包括误差分析及数据处理、金属材料拉伸现象的细微观解释、实验报告及工程力学实验的国家标准。

本书由杨帆、郭丹任主编，李铭、薛山、凤涛任副主编。其中，第1章由薛山编写，第2章至第4章由杨帆编写，第5章、第6章和附录由郭丹编写，第7章由李铭和凤涛共同编写。由于时间紧迫，限于编者自身的水平，书中可能有欠妥之处，恳请广大师生和读者批评指正。

编　者

目 录

第 1 章

绪　　论

1.1　学生实验守则

（1）学生应按照课程教学计划，准时上实验课，不得迟到早退。

（2）实验前应认真阅读实验指导书，明确实验目的、步骤、原理，预习有关的理论知识，并接受实验教师的提问和检查。

（3）进入实验室必须遵守实验室的规章制度。不得高声喧哗和打闹，不准抽烟、随地吐痰和乱丢纸屑杂物。

（4）做实验时必须严格遵守仪器设备的操作规程，爱护仪器设备，节约使用材料，服从实验教师的指导。未经许可不得动用与本实验无关的仪器设备及物品。

（5）实验时必须注意安全，防止人身和设备事故的发生。若出现事故，应立即切断电源，及时向指导教师报告，并保护现场，不得自行处理。

（6）实验中要细心观察，认真记录各种实验数据。不准抄袭别组数据，不得擅自离开操作岗位。

（7）实验完毕，应清理实验现场。经指导教师检查仪器设备、工具、材料和实验记录并且签到后方可离开。

（8）实验后要认真完成实验报告，包括分析结果、处理数据、绘制曲线及图表。在规定的时间内由班长收齐统一交指导教师批改。

（9）在实验过程中，由于不慎造成仪器设备、工具损坏者，应写出损坏情况报告，并接受检查，由学校相关领导根据情况进行处理。

（10）凡违反操作规程、擅自动用与本实验无关的仪器设备、私自拆卸仪器而造成事故和损失的，肇事者必须写出书面检查，视情节轻重和认识程度，按章予以处罚。

1.2 工程力学实验的发展、任务、地位及特点

1.2.1 工程力学实验的发展

1. 历史回顾

从发展史来看，力学实验的发展与理论发展不同。理论往往是先有一个体系，然后不断发展和完善。而力学实验不同，它的发展借助于物理基础、新概念和新技术，经过再创造使之为力学服务，它不断更新，形成许多种相对独立的方法，如光弹性、电阻应变测量、云纹、声发射等。因此，力学实验具有多体系、相对独立性、困难性、交叉性、渗透性和无界性等特点。

工程力学实验是力学实验的一个分支，是工程力学的重要组成部分。工程力学实验的发展在西方有记载的是达·芬奇，他既是艺术家、科学家，又是工程师、实验工作者，他做了梁的弯曲实验。之后是伽利略，他在25岁时受聘于比萨大学当教授，他做过悬臂梁实验和拉伸强度实验。他是数学家、天文学家，也是实验力学工作者。再之后就是胡克，他在1678年发表弹簧论文，发现了胡克定律，给弹性力学奠定了理论基础。以后还有马里沃特（简支梁实验）、伯努利（悬臂梁实验）、欧拉（稳定实验）、库仑（剪切实验），以及泊松、圣维南、柯西、纳维等，都为工程力学实验的发展做出了贡献。

我国是一个文明古国，对工程力学早有记载。《墨子·经下》记有："发均悬轻而发绝，不均也，均其绝也莫绝。"又说"衡木加重焉而不挠极胜重也。若校交绳无加焉而挠极不胜重也。"墨子所做的这个拉伸与弯曲实验比伽利略要早2 000年。

2. 工程力学实验的发展特点

（1）速度快。光弹实验用了100年才完善，电测实验用了20多年就完善了，全息、散斑、云纹干涉实验用了不到10年就很成熟了。

（2）相互渗透。1960年全息干涉发展以后被引用到光弹性中来称为全息光弹性，用于云纹法称为全息云纹等。

（3）工程力学实验中的新方法与其他学科交叉。比如断裂力学实验、生物力学实验、复合工程力学实验等。

3. 工程力学实验的发展趋势

（1）实验技术向广度和深度发展。

①广度方面：例如日益广泛地应用电阻应变测量技术，使得从真空到高压、从深冷到高温、从静态到高频条件下的应变，都可获得有效的测量数据。又如把经典方法和新兴科学技术结合起来（全息干涉法、全息光弹性法、散斑干涉法、声发射技术等），不断增加测试手

段，扩大了测量和应用范围，或提高了测试精度。

②深度方面：开展宏观和微观相结合的实验研究，深入探索失效机理和各种影响材料强度因素的规律性。

（2）实验装备的自动化。在实验数据的采集、处理、分析和控制方面实现计算机化。如大型动载实验，已能做到实时的数据处理，大大缩短了实验周期，并能及时提供准确的实验分析数据和图表。即使是多年来难以实现自动化的光弹性仪，也已出现多种光弹性自动测试装置的方案。

（3）随着计算机及有限元分析和其他数值分析方法的应用，工程力学实验正朝着实验与计算相结合，物理模型与数学模型相结合的方向发展。

4. 我国工程力学实验的现状

我国工程力学方面的论文多偏重于经典理论和方法，缺乏有根据的计算和实验验证，虽然理论做得很细、很巧，但不能说是一个完美的科学成果。突破实验和计算这两个薄弱环节应该是我国工程力学工作更上一层楼的急迫任务。由于工程力学方面的科研成果如果缺乏实验验证就不完整，因而我们当前不仅要做零星的、个别的实验，还要做大量的、系统的实验。

1.2.2　工程力学实验的任务

（1）面向生产，为生产服务。根据正规生产过程，科学设计的程序应该是：首先了解工作状况、外荷载、设计范围等；其次是选料、设计尺寸、强度核算和应力分析；再次是试生产、现场实测、事故分析，长期观察；最后是投产。工程力学实验在这里扮演了主要角色。

（2）面对新技术、新方法的引入，研究新的测试手段。随着科技的进步和发展，尤其是光学的大发展，光电子学、光纤的发展，产生了很多新的光测法，概括起来可称为“光力学”。新技术、新方法还应用疲劳、断裂、细微尺度力学实验等。

（3）面向工程力学，为工程力学的理论建设服务。工程力学的一些理论是以某些假设为基础的，例如杆件的弯曲理论就以平面假设为基础。必须用实验来验证这些理论的正确性和适用范围，这样会有助于加深对理论的认识和理解。至于对新建立的理论和公式，用实验来验证更是必不可少的。因此，实验是验证、修正和发展理论的必要手段。

1.2.3　工程力学实验的地位

（1）工程力学实验是工程力学中新的理论及计算方法提出的必要前提，使用新的理论、计算方法所得的结果要经过实验的验证。

（2）工程力学实验能够解决许多理论工作无法解决的工程实际问题。如在某些情况下，因构件几何形状不规则或受力复杂等，应力计算并无适用理论，这时，用诸如电测、光弹性等实验分析方法直接测定构件的应力，便已成为有效的方法。对经过较大简化后得出的理论计算或数值计算，其结果的可靠性更有赖于实验应力分析的验证。

(3) 工程力学实验是工程力学发展的三大支柱（新的理论、计算方法、力学实验）之一。

1.2.4 工程力学实验的特点

工程力学实验与其他学科实验相比，具有以下特点：

1. 标准化

工程力学性能，如屈服强度、抗拉强度、弹性模量等，与试样的形状、尺寸、表面粗糙度、环境及实验方法有关，美国、欧洲、日本与我国都制定了相应的标准，以使实验结果具有可比性。我国国家标准（GB）已与国际标准基本接轨。

2. 实用性

工程力学实验与工程实际密切相关，无论是材料的力学性能测试还是应变应力测试，其设备和方法都与工程实际中所用的相同，所以工程力学实验技能可以直接用于工程实际。如建筑工程现场的钢筋力学性能测试、钢筋混凝土梁柱的应力测试、钢结构构件的应力测试等都用到了工程力学实验技能。

3. 组织性

工程力学实验由于设备复杂、测试精度高、读取数据多，单人完成比较困难，一般由两人以上组成实验小组，小组成员分工合作、协调操作，这样可以较好地完成工程力学实验。

1.3 工程力学实验的内容

实验是工程力学课程的重要组成部分，是解决工程实际问题的重要手段之一。工程力学实验包括以下三方面的内容：

1.3.1 验证工程力学理论和定律

力学理论大多是对工程问题进行一定的简化或以假设为基础，建立力学模型，然后进行数学推演。这些简化和假设的提出都来自对工程实际的大量实践和观察分析，所建立的理论或公式能否正确反映客观实际，只有实验结果才能验证，因此，验证理论的正确性是工程力学实验的重要内容，学生通过这类实验，可巩固和加深理解基本概念，同时掌握验证理论的实验方法。

1.3.2 研究和检验工程材料的力学性能（机械性能）

工程材料必须具有抵抗外力作用而不超过允许变形或不破坏的能力，这种能力表现为材料的强度、刚度、韧性、弹性及塑性等，工科学生必须熟悉这些性能。在工程力学实验课程学习中，学生通过检测材料力学性能实验的基本训练，掌握常用材料的力学性质，还可进一步加深理解工程力学理论课程所学习的相关知识，同时通过动手实践，掌握工程材料常用性能指标的基本测定方法，为以后的专业实验乃至工程实践打下基础。

1.3.3　实验应力分析

实验应力分析即采用测量方法，确定许多无理论计算可用的复杂受力构件的应力分布状态和变形状态，以便检验构件的安全性或者为设计构件提供依据。随着现代科学技术的发展，新的材料不断涌现，新型结构层出不穷，为强度、刚度问题的分析提出了许多新课题，作为一名工程技术人员，只有扎实地掌握实验的基础知识和技能，才能较快地接受新的知识内容，赶上科技进步的步伐。

基于以上三个方面，本课程所安排的实验是配合工程力学理论课程的内容，围绕解决工程实际需要，结合实验设备而设计的；并考虑到开发学生智力、培养分析问题和解决问题的能力，使实验室成为学生从理论走向工程实践的桥梁。

1.4　实验程序及要求

工程力学实验，其实验条件以常温、静载为主，试件材质以金属为主。实验中主要测量作用在试件上的荷载以及应力、试件的变形和破坏。金属材质的试件所要求的荷载较大，由几千牛到几百千牛不等，故加力设备庞大复杂；变形则很小，绝对变形一般以千分之一毫米为单位，相对变形（应变）可以小到 $10^{-6} \sim 10^{-5}$，因而变形测量设备必须精密。进行实验，力与变形要同时测量，一般需数人共同完成。因此，力学实验要求实验者以组为单位，严密地组织协作，形成有机的整体，以便有效地完成实验。

1.4.1　准备

明确实验目的、原理和步骤及数据处理的方法。实验用的试件（或模型）是实验的对象，要了解其原材料的质量、加工精度，并细心地测量其尺寸，以此为基础对其最大加载量进行估算，并拟订加载方案。此外，应根据实验内容事先拟订记录表格以供实验记录数据。

实验使用的机器和仪器应根据实验内容和目标进行适当的选择，在工程力学的教学实验中，实验用的机器和仪器是实验教师指定并预先调试的，但对选择工作怎样进行应当有所了解。选择试验机器和仪器的根据如下：

（1）需要用力的类型（例如使试件拉伸、压缩、弯曲或扭转的力）。

（2）需要用力的量值（最大荷载）。前者由实验目的来决定，后者则主要依据试件（或模型）材质和尺寸来决定。

（3）变形测量仪器的选择，应根据实验测量精度以及梯度等因素决定。

此外，使用是否方便、变形测量仪器安装有无困难，也是选用时应当考虑的问题。

准备工作做得越充分，则实验的进行便会越顺利，实验工作质量也越高。

1.4.2 实验

开始实验前，应检查试验机的各种传感器、测量装置是否灵敏，输出线性是否符合要求，试件安装是否正确，变形仪是否安装稳妥等。检查完毕后还需请指导教师确认，确认无误后方可开动机器。

第一次加载可不做记录或储存（不允许重复加载的实验除外），观察各部分变化是否正常。如果正常，再正式加载并开始记录。记录者及操作者均须严肃认真、一丝不苟地进行工作。

工程力学课程的必修实验内容，全部是检验工程力学性能，或者验证理论课程公式和结论的实验。实验是否成功，主要评判标准是其结果是否与理论相符、与已知的结论相符，若所得实验结果与理论不符，应检查实验准备情况，分析实验过程，纠正错误，重新进行实验。

实验完毕，要检查数据是否齐全，并注意设备复位，清理设备，把使用的仪器仪表拆除收放原处，并在使用记录簿上说明仪器设备的良好状态。

1.4.3 安全操作注意事项

进行工程力学实验过程中应注意以下三点：

（1）力学实验的加载设备多为大型机器，使用时应严格遵守操作规程，除上课前认真预习实验指导书的相关内容外，实验者初次进入实验室，应对照试验机实物，掌握操作方法。一般应在实验指导教师指导下，先不安装试件，空载运行机器，熟悉机器的开、关、行程以及紧急制动等按钮后，再正式开始实验。

（2）实验所用的软件、硬件上都有预先设定的限位开关，未经指导教师允许，不得擅自改动。

（3）应按计划进行实验，不做与本次实验无关的操作。

1.4.4 实验报告撰写要求

实验报告是实验者最后的成果，是实验资料的总结，教学实验的实验报告同时又是学生上交给教师的作业，学生需要提交的实验报告应包括以下内容：

（1）实验名称、实验地点、实验日期、实验环境温度、实验人员姓名、学号以及同组人员名单。

（2）实验目的及原理。实验目的应明确简要；实验原理部分主要阐明构件的受力状态。

(3) 使用的机器、仪表。应注明名称、型号、精度（或放大倍数）等，其他用具也应写清，并绘出装置简图。

(4) 试件。应详细描述试件的形状、尺寸、材质，一般应绘图说明并附以尽可能详细的文字注释。

(5) 实验数据及处理数据要正确填入记录表格，注明测量单位，例如厘米（cm）或毫米（mm），牛（N）或千牛（kN）。要注意仪器的测量单位是可以更改的。实验中使用的测量精度是实验者根据需要施加最大荷载的数值，应预先确定并输入仪器。在正常状况下，仪器设备所显示的输出精度，应当满足实验目的要求，大多数实验的测量精度都有相应的规定。对实验记录或输出数据中的非线性数据，应按误差分析理论进行处理。表格的书写应整洁、清晰，使人方便读出全部测量结果的变化情况和它们的单位及准确度。力学实验中所用仪器设备可能一部分采用的是工程单位制，整理数据时一律采用国际单位制。

(6) 力学实验报告中的数据在计算时，须注意有效数字的运算法则。工程上一般取3或4位有效数字。

(7) 图线表示结果注意事项。除根据测得的数据整理并计算出实验结果外，一般还要采用图表或曲线来表达实验的结果。先建立坐标系，并注明坐标轴所代表的物理量及比例尺。将实验数据的坐标点用记号“·”“△”“×”等表示出来。当连接曲线时，不要用直线逐点连成折线，应该根据多数点的所在位置，描绘出光滑的曲线。

(8) 实验的总结及体会。对实验的结果进行分析，评价实验结果的可靠性、精度是否满足要求等，这是教学实验报告中最重要的部分。对实验结果和误差加以分析，当数据显示出的结果满足要求时，证明了本次实验的成功；当数据显示出的结果不满足要求时，并不一定是实验不成功，经过深入分析，准确认定造成误差的具体原因以及纠正措施，则本次实验仍是有意义的。

第 2 章

电测法理论

2.1 概述

电阻应变测量方法是实验应力分析方法中应用最为广泛的一种方法。该方法是用应变敏感元件——电阻应变片（也称电阻应变计）测量构件的表面应变，再根据应变-应力关系得到构件表面的应力状态，从而对构件进行应力分析。

电阻应变片（简称应变片）测量应变的大致过程如下：将应变片粘贴或安装在被测构件表面，然后接入测量电路（电桥或电位计式电路），随着构件受力变形，应变片的敏感栅也随之变形，致使其电阻值发生变化，此电阻值的变化与构件表面应变成比例。应变片电阻变化产生的信号，经测量放大电路放大后输出，由指示仪表或记录仪器指示或记录。这是一种将机械应变量转换成电量的方法，其转换过程如图 2-1 所示。测量电路输出的信号也可经放大、模数（A/D）转换后，直接传输给计算机进行数据处理。

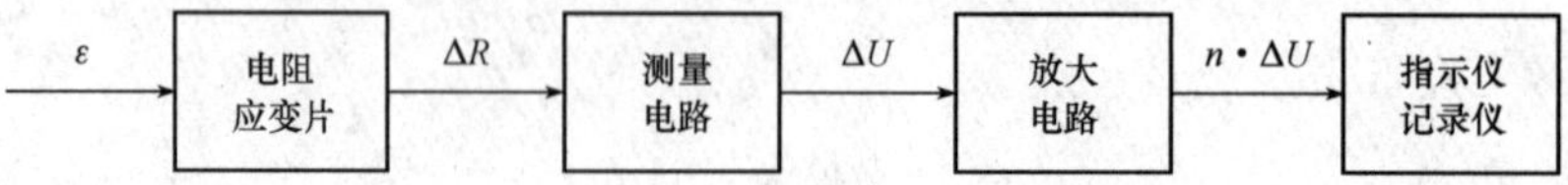

图 2-1　使用电阻应变片测量应变

电阻应变测量方法又称应变电测法，之所以得到广泛应用，是因为它具有以下优点：

（1）测量灵敏度和精度高。其分辨率达 1 微应变（$\mu\varepsilon$），1 微应变 $=10^{-6}$应变。

（2）应变测量范围广。可从 1 微应变测量到 20 000 微应变。

（3）电阻应变片尺寸小，最小的应变片栅长为 0.2 mm；质量小、安装方便，对构件无附加力，不会影响构件的应力状态，并可用于应变变化梯度较大的测量场合。

（4）频率响应好。可从静态应变测量到数十万赫兹的动态应变。

（5）由于在测量过程中输出的是电信号，易于实现数字化、自动化及无线遥测。

（6）可在高温、低温、高速旋转及强磁场等环境下进行测量。

（7）可制成各种高精度传感器，测量力、位移、加速度等物理量。图2-2所示即使用电阻应变片制作的测力传感器。

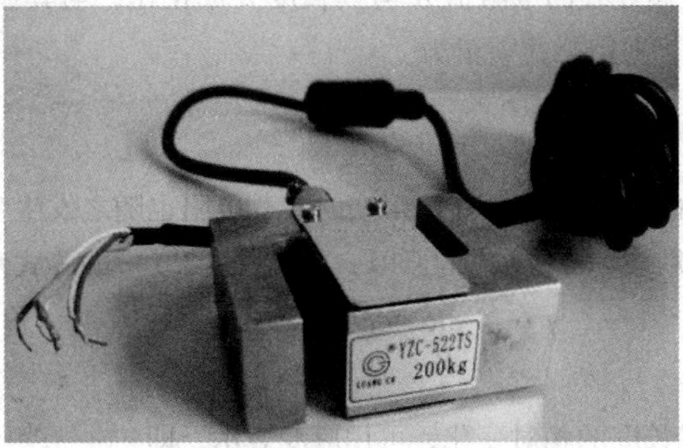

图2-2 测力传感器

电阻应变测量方法的缺点如下：

（1）只能测量构件表面的应变，而不能测量内部的应变。

（2）一个应变片只能测定构件表面一个点沿某一个方向的应变，不能进行全域性的测量。

（3）只能测量电阻应变片栅长范围内的平均应变值，因此对应变梯度大的应变场无法进行测量。

电阻应变测试技术起源于19世纪。1856年，汤姆孙（W. Thomson）对金属丝进行了拉伸实验，发现金属丝的应变与电阻的变化有一定的函数关系，并可用惠斯通电桥精确地测量这些电阻的变化。1938年，西蒙斯（E. Simmons）和鲁奇（A. Ruge）制出第一批实用的纸基丝绕式电阻应变片。1953年，杰克逊（P. Jackson）利用光刻技术，首次制成了箔式应变片，随着微光刻技术的进展，这种应变片的栅长可短到0.178 mm。1954年，史密斯（C. S. Smith）发现半导体材料的压阻效应。1957年，梅森（W. P. Mason）等研制出半导体应变片。现在已研制出数万种用于不同环境和条件的各种类型的电阻应变片。

电阻应变片的应用范围十分广泛，适用的结构包括航天器、原子能反应堆、桥梁道路、大坝以及各种机械设备等；适用的材料包括钢铁、铝、木材、塑料、玻璃、土石、复合材料等各种金属及非金属材料。电阻应变片具有测量灵敏度和精度高、频率响应好、尺寸小、质量小、安装方便、便于操作等优点。电阻应变测试方法是一个既适用于实验室研究又适用于实际工程现场测试的方法。

2.2 电阻应变片的工作原理、构造和分类

2.2.1 电阻应变片的工作原理

由物理学可知，金属导线的电阻值 R 与其长度 L 成正比，与其截面面积 A 成反比，若金属导线的电阻率为 ρ，则用公式表示为

$$R=\rho\frac{L}{A} \tag{2.1}$$

当金属导线沿其轴线方向受力而产生形变时，其电阻也随之发生变化，这一现象称为应变-电阻效应。为了说明产生这一效应的原因，可将式（2.1）的等式两边取对数并微分，得

$$\frac{\mathrm{d}R}{R}=\frac{\mathrm{d}\rho}{\rho}+\frac{\mathrm{d}L}{L}-\frac{\mathrm{d}A}{A} \tag{2.2}$$

式中　$\frac{\mathrm{d}L}{L}$——金属导线长度的相对变化，可用应变表示，即

$$\frac{\mathrm{d}L}{L}=\varepsilon \tag{2.3}$$

而$\frac{\mathrm{d}A}{A}$为导线的截面面积的相对变化。若导线的直径为 D，则

$$\frac{\mathrm{d}A}{A}=2\,\frac{\mathrm{d}D}{D}=2\left(-\mu\,\frac{\mathrm{d}L}{L}\right)=-2\mu\varepsilon \tag{2.4}$$

式中　μ——导线材料的泊松比。

将式（2.3）和式（2.4）代入式（2.2），得

$$\frac{\mathrm{d}R}{R}=\frac{\mathrm{d}\rho}{\rho}+\ (1+2\mu)\ \varepsilon \tag{2.5}$$

式（2.5）表明，金属导线受力变形后，由于其几何尺寸和电阻率发生变化，从而使其电阻发生变化。可以设想，若将一根金属丝粘贴在构件表面上，当构件产生变形时，金属丝也随之变形，利用金属丝的应变-电阻效应就可以将构件表面的应变量直接转换为电阻的相对变化量。电阻应变片就是利用这一原理制成的应变敏感元件。

若令

$$K_s=\frac{\mathrm{d}R}{R}\cdot\frac{1}{\varepsilon}=\frac{\mathrm{d}\rho}{\rho}\cdot\frac{1}{\varepsilon}\ (1+2\mu) \tag{2.6}$$

则式（2.5）写成

$$\frac{\mathrm{d}R}{R}=K_s\varepsilon \tag{2.7}$$

式中　K_s——金属导线（或称金属丝）的灵敏系数，它表示金属导线对所承受的应变量的灵敏程度。

由式（2.6）看出，这一系数不仅与导线材料的泊松比有关，还与导线变形后电阻率的

相对变化有关。金属导线电阻的相对变化与应变量之间呈线性关系，即 K_s 为常数。实验表明：大多数金属导线在弹性范围内电阻的相对变化与应变量之间是呈线性关系的；在金属导线的弹性范围内（$1+2\mu$）的值一般为1.4~1.8。

2.2.2 电阻应变片的构造

不同用途的电阻应变片，其构造不完全相同，但一般由敏感栅、引线、基底、覆盖层和胶粘剂组成，其构造如图2-3所示。

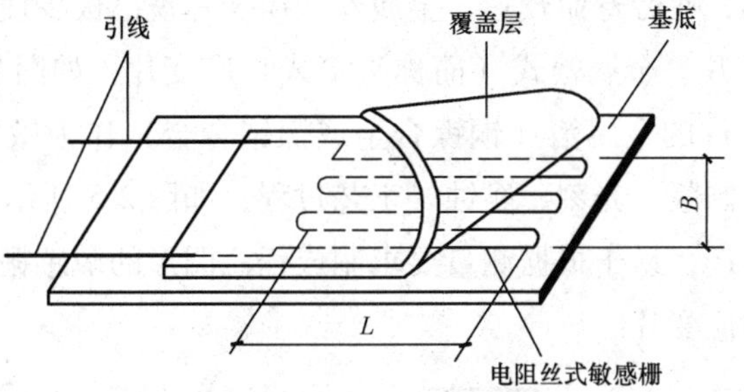

图2-3 电阻应变片的构造

敏感栅是应变片中将应变量转换成电量的敏感部分，是用金属或半导体材料制成的单丝或栅状体。敏感栅的形状与尺寸直接影响应变片的性能。敏感栅的形状如图2-3所示，其纵向中心线称为纵向轴线，也是应变片的轴线。敏感栅的尺寸用长度 L 和宽度 B 来表示。栅长指敏感栅在其纵轴方向的长度，对于带有圆弧端的敏感栅，该长度为两端圆弧内侧之间的距离，对于两端为直线的敏感栅，则为两直线内侧的距离。在与轴线垂直的方向上敏感栅外侧之间的距离为栅宽。栅长与栅宽代表应变片标称尺寸。一般应变片的栅长为0.2~100 mm。

引线用以从敏感栅引出信号，为镀银线状或镀银带状导线，一般直径为0.15~0.3 mm。基底用于保持敏感栅、引线的几何形状和相对位置。基底尺寸通常代表应变片的外形尺寸。胶粘剂用以将敏感栅固定在基底上，或者将应变片粘结在被测构件上，具有一定的电绝缘性能。覆盖层为用来保护敏感栅而覆盖在敏感栅上的绝缘层。

2.2.3 电阻应变片的分类

1. 按应变片敏感栅材料分类

电阻应变片根据应变片敏感栅所用的材料不同可以分为金属电阻应变片和半导体应变片。半导体应变片的敏感栅是由锗或硅等半导体材料制成的。金属电阻应变片又分为金属丝式应变片、金属箔式应变片和金属薄膜应变片。

（1）金属丝式应变片。金属丝式应变片的敏感栅用直径为0.01~0.05 mm的镍合金或镍铬合金的金属丝制成，有丝绕式和短接式两种，分别如图2-4（a）所示。前者用一根金属丝绕制而成，敏感栅的端部呈圆弧形；后者则用数根金属丝排列成纵栅，再用较粗的金属丝与纵栅两端交错焊接而成，敏感栅端部是平直的。

丝绕式应变片敏感栅的端部呈圆弧形，当被测构件表面存在两个方向应变时（平面应变状态），敏感栅不但有轴线方向的应变，同时有与轴线方向垂直的应变，这就是电阻应变片的横向效应。丝绕式应变片的横向效应较大，测量精度较低，且端部圆弧部分形状不易保证，因此，丝绕式应变片性能分散。短接式应变片敏感栅的端部较平直且较粗，电阻值很小，故其横向效应很小，加之制造时敏感栅形状较易保证，故测量精度高。但由于敏感栅中焊接点较多，容易损坏，疲劳寿命较短。金属丝式应变片现已极少使用。

（2）金属箔式应变片。金属箔式（简称为箔式）应变片，如图2-4（b）所示。它是用厚度为0.002～0.005 mm的金属箔（铜镍合金或镍铬合金）作为敏感栅的材料。该应变片的制作大致分为刻图、制版、光刻、腐蚀等工艺过程，如图2-5所示。箔式应变片制作工艺易于实现自动化大量生产，易于根据测量要求制成任意图形的敏感栅，制成小标距应变片和传感器用的特殊形状的应变片。

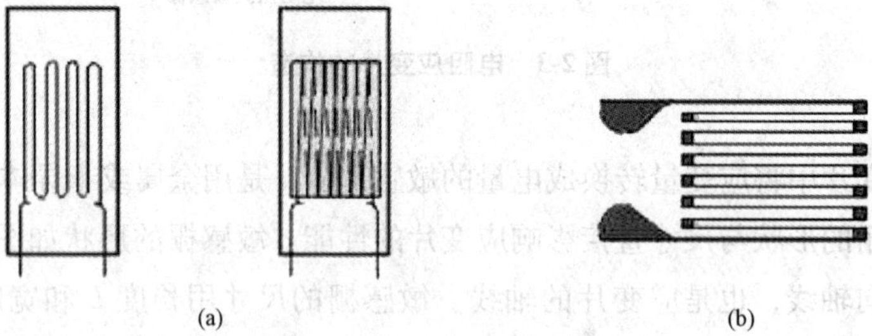

图2-4　电阻应变片的构造

（a）金属丝式应变片；（b）金属箔式应变片

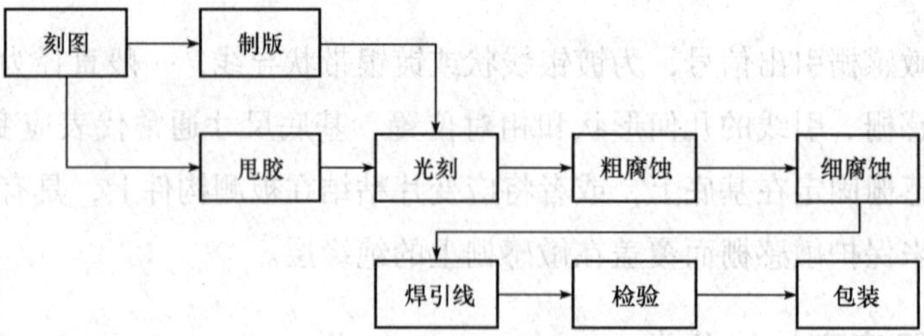

图2-5　金属箔式应变片制作流程

箔式应变片敏感栅端部的横向部分可以做成比较宽的栅条，其横向效应很小；栅箔的厚度很薄，能较好地反映构件表面的应变，也易于粘贴在弯曲的表面；箔式应变片的蠕动变小，散热性能好，疲劳寿命长，测量精度高。由于箔式应变片具有以上诸多优点，故在测量领域中得到广泛的应用。

（3）金属薄膜应变片。为了克服金属箔式应变片应变灵敏系数低及滞后的缺点，近年来，传感技术界的研究重点是寻找一种价格低、能够替代传统金属箔式应变片的新型传感元件。金属薄膜应变片就是典型的一类。此外，半导体应变片、氧化物应变片也比较适合制成薄膜应变片。

金属薄膜应变片的敏感栅是用真空蒸镀、沉积或溅射的方法将金属材料在绝缘基底上制成一定形状的薄膜而形成的，膜的厚度由几埃到几千埃不等，有连续膜和不连续膜之分，其性能有所差异。金属薄膜应变片蠕变小、滞后小、电阻温度系数低，易于制成高温应变片，便于大批量生产，可直接将应变片做在传感弹性元件上制成高性能、价格低的传感产品。

2. 按应变片敏感栅结构形状分类

金属电阻应变片按敏感栅结构形状可分为以下几种。

（1）单轴应变片。单轴应变片一般是指具有一个敏感栅的应变片，如图 2-4 所示。这种应变片可用来测量单向应变。若把几个单轴敏感栅做在一个基底上，则称为平行轴多栅应变片，或同轴多栅应变片，这类应变片用来测量构件表面的应变梯度。

（2）多轴应变片（应变花）。由两个或两个以上的轴线相交成一定角度的敏感栅制成的应变片称为多轴应变片，也称为应变花，用于测量平面应变。图 2-6 所示为几种典型的应变花。

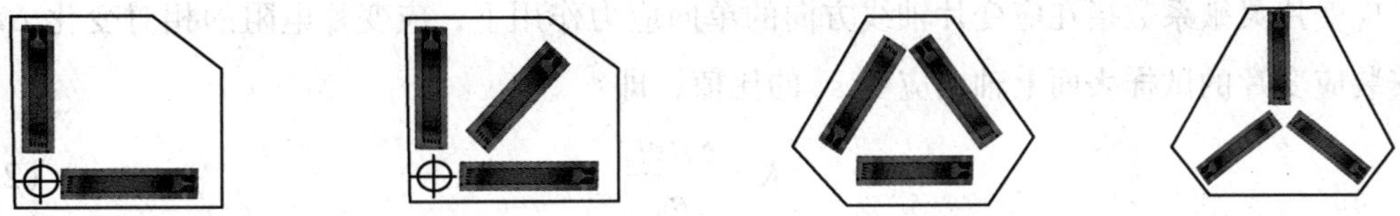

(a)　(b)　(c)　(d)

图 2-6　应变花

（a）二轴 90°应变花；（b）三轴 45°应变花；（c）三轴 60°应变花；（d）三轴 120°应变花

（3）特殊结构应变片。使用特殊结构的弹性体制作的传感器，往往需要特殊的应变片结构，以实现其特殊的物理量测试或提高传感器的测试性能。它们通常用于制作传感器，如压力传感器、荷载传感器（测力传感器）等。

2.3　电阻应变片的工作特性

用来表达应变片的性能及特点的数据或曲线，称为应变片的工作特性。应变片在实际工作时，应变与其电阻变化输出相对应，按标定的灵敏系数折算得到被测试样的应变值，称为应变片的指示应变。

应变片使用范围非常广泛，使用条件差异甚大，对应变片的性能要求各不相同。因此，在不同条件下使用的应变片，需检测的应变片工作特性（或性能指标）也不相同。下面仅介绍常温应变片的工作特性。

2.3.1 应变片电阻（*R*）

应变片电阻指应变片在未经安装也不受力的情况下，室温时测定的电阻值。应根据测量对象和测量仪器的要求选择应变片的电阻值。在允许通过同样工作电流的情况下，选用较大电阻值的应变片，可提高应变片的工作电压，使输出信号加强，提高测量灵敏度。即使不提高应变片的工作电压，由于工作电流的减小，应变片上的实际功耗将减小，可以降低对供桥电路驱动电流的要求，同时对提高应变片的温度稳定性也有利。

用于测量构件应变的应变片电阻值一般为120 Ω，这与检测仪器（电阻应变仪）的设计有关；用于制作应变式传感器的应变片电阻值一般为350 Ω、500 Ω 和1 000 Ω。制造厂对应变片的电阻值逐个测量，按测量的应变片的电阻值分装成包，并注明每包应变片电阻的平均值以及单个应变片电阻值与平均值的最大偏差。

2.3.2 应变片灵敏系数（*K*）

应变片灵敏系数指在应变片轴线方向的单向应力作用下，应变片电阻的相对变化 $\Delta R/R$ 与安装应变片的试样表面上轴向应变 ε_x 的比值，即

$$K=\frac{\Delta R/R}{\varepsilon_x} \tag{2.8}$$

应变片的灵敏系数主要取决于敏感栅灵敏系数，与敏感栅的结构形式和几何尺寸也有关。此外，试样表面的变形是通过基底和胶粘剂传递给敏感栅的，所以应变片的灵敏系数还与基底和胶粘剂的特性及厚度有关。因此，应变片的灵敏系数受到多种因素的影响，无法由理论计算得到。

应变片灵敏系数是由制造厂按应变片检定标准，抽样在专门的设备上进行标定的，并将标定得到的灵敏系数在包装上注明。金属电阻应变片的灵敏系数一般为1.80～2.50。

2.3.3 机械滞后（Z_j）

在恒定温度下，对安装有应变片的试样加载和卸载，以试样的机械应变（试样受力产生的应变）为横坐标、应变片的指示应变为纵坐标绘成曲线，如图2-7所示，在增加或减少机械应变过程中，对于同一个机械应变量，应变片的指示应变有一个差值，此差值即机械滞后，即 $Z_j=\Delta\varepsilon_i$。

机械滞后的产生主要由敏感栅、基底和胶粘剂在承受机械应变之后留下的残余变形所致。制造或安装应变片时，都会产生机械滞后。为了减小机械滞后，可在正式测量前预先加载和卸载若干次。

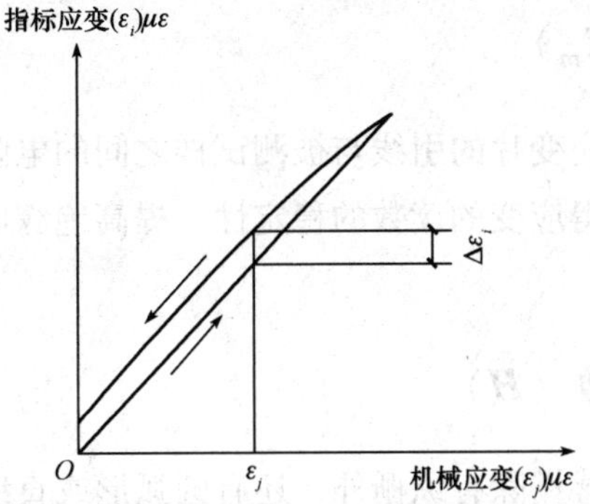

图 2-7　应变片的机械滞后

2.3.4　零点漂移（p）和蠕变（θ）

对于已安装在试样上的应变片，当温度恒定时，即使试样不受外力作用，不产生机械应变，应变片的指示应变仍会随着时间的增加而逐渐变化，这一变化量称为应变片的零点漂移，简称零漂。若温度恒定，试样产生恒定的机械应变，这时应变片的指示应变也会随着时间的变化而变化，该变化量称为应变片的蠕变。零漂和蠕变反映了应变片的性能随时间的变化规律，只有当应变片用于较长时间的测量时才起作用。实际上，零漂和蠕变是同时存在的，在蠕变值中包含着同一时间内的零漂值。

零漂主要由敏感栅通上工作电流后的温度效应、应变片制造和安装过程中的内应力以及胶粘剂固化不充分等引起；蠕变则主要由胶粘剂和基底在传递应变时出现滑移所致。

2.3.5　应变极限（$\varepsilon_{\lim}$）

在温度恒定时，对安装有应变片的试样逐渐加载，直至应变片的指示应变与试样产生的应变（机械应变）的相对误差达到 10% 时，该机械应变即应变片的应变极限。在图 2-8 中实线 2 是应变片的指示应变随试样机械应变的变化曲线，虚线 1 为规定的误差限（10%），随着机械应变的增加，曲线 2 由直线渐弯，直至实线 2 与虚线 1 相交，相交点的机械应变即应变片的应变极限。

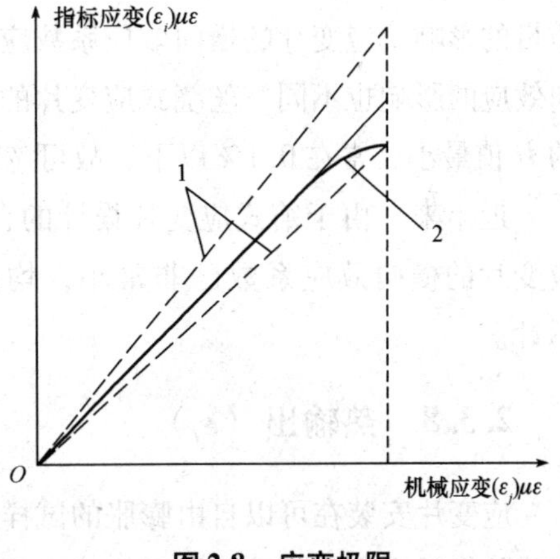

图 2-8　应变极限

制造厂按应变片检定标准，在一批应变片中，按一定比例抽样测定应变片的应变极限，取其中最小的应变极限值作为该批应变片的应变极限。

2.3.6 绝缘电阻（R_m）

应变片的绝缘电阻是指应变片的引线与被测试样之间的电阻值。过小的绝缘电阻会引起应变片的零点漂移，影响测得应变的读数的稳定性。提高绝缘电阻的办法主要是选用绝缘性能好的胶粘剂和基底材料。

2.3.7 横向效应系数（H）

前面指出，应变片的敏感栅除有纵栅外，还有圆弧形或直线形的横栅，横栅主要感受垂直于应变片轴线方向的横向应变，因而应变片的指示应变中包含有横向应变的影响，这就是应变片的横向效应。应变片横向效应的大小用横向效应系数 H 来衡量，H 值越小，表示应变片横向效应影响越小。

将应变片置于平面应变场中，沿应变片轴线方向的应变为 ε_x，垂直于轴线方向的横向应变为 ε_y，此时应变片敏感栅的电阻相对变化可表示为

$$\frac{\Delta R}{R}=\left(\frac{\Delta R}{R}\right)_x+\left(\frac{\Delta R}{R}\right)_y=K_x\varepsilon_x+K_y\varepsilon_y \tag{2.9}$$

式中 $(\Delta R/R)_x$ 和 $(\Delta R/R)_y$——由 ε_x 和 ε_y 引起的敏感栅电阻的相对变化；

K_x 和 K_y——应变片轴向和横向灵敏系数，可表示为

$$K_x=\frac{(\Delta R/R)_x}{\varepsilon_x},\quad K_y=\frac{(\Delta R/R)_y}{\varepsilon_y} \tag{2.10}$$

横向灵敏系数与轴向灵敏系数的比值取百分数，定义为横向效应系数 H，即

$$H=\frac{K_y}{K_x}\times 100\% \tag{2.11}$$

应变片横向效应系数主要与敏感栅的形式和几何尺寸有关，还受到应变片基底和胶粘剂质量的影响。应变片的横向效应系数应在专门的装置上进行标定。不同种类的应变片，其横向效应的影响也不同，丝绕式应变片的横向效应系数最大，箔式应变片次之，短接式应变片的 H 值最小，常在0.1%以下，故可忽略不计。

近年来，由于箔式应变片设计的合理性以及箔材质量的提高、制造工艺的改进，使得应变片的横向效应系数已非常小，均优于0.1%，因此箔式应变片的横向效应也可忽略不计。

2.3.8 热输出（ε_t）

应变片安装在可以自由膨胀的试样上，试样不受外力作用，当环境温度发生变化时，应变片的指示应变会随着环境温度的变化而变化。该指示应变变化的一部分是由试样的热胀冷缩（称为试样的温度应变）所致。扣除试样的温度应变，剩余的指示应变变化量称为应变片的热输出（ε_t）。即这部分的应变片指示应变变化值不是由试样本身的应变所致，而是由于环境温度变化所产生的。

敏感栅材料的电阻温度系数、敏感栅材料与试样之间线膨胀系数的差异，是应变片产生热输出的主要原因。

2.3.9 疲劳寿命（N）

在幅值恒定的交变应力作用下，应变片连续工作，直至产生疲劳损坏时的循环次数，称为应变片的疲劳寿命。当应变片出现以下任何一种情况时，即认为是疲劳损坏：

（1）敏感栅或引线发生短路。

（2）应变片输出幅值变化10%。

（3）应变片输出波形上出现尖峰。

疲劳寿命是反映应变片对动态应变适应能力的参数。

2.4 电阻应变片的选择、安装和防护

在应变测量时，只有正确地选择和安装使用应变片，才能保证测量精度和可靠性，达到预期的测试目的。

2.4.1 电阻应变片的选择

应变片的选择，应根据测试环境、应变性质、应变梯度及测量精度等因素来决定。

1. 测试环境

测量时应根据构件的工作环境温度选择合适的应变片，使其在给定的温度范围内能正常工作。潮湿对应变片的性能影响极大，会使其出现绝缘电阻降低、粘结强度下降等现象，严重时将无法进行测量。为此，在潮湿环境中，应选用防潮性能好的胶膜应变片，如酚醛-缩醛、聚酯胶膜应变片等，并采取有效的防潮措施。

应变片在强磁场作用下，敏感栅会伸长或缩短，使应变片产生输出。因此，敏感栅材料应采用磁致伸缩效应小的镍铬合金或铂钨合金。

2. 应变性质

对于静态应变测量，温度变化是产生误差的重要原因，如有条件，可针对具体试样材料选用温度自补偿应变片。对于动态应变测量，应选用频率响应高、疲劳寿命长的应变片，如箔式应变片。

3. 应变梯度

应变片测出的应变值是应变片栅长范围内分布应变的平均值，要使这一平均值接近于测点的真实应变。在均匀应变场中，可以选用任意栅长的应变片，对测试结果无直接影响但尺寸较大的应变片比较容易粘贴，测试精度相对较高；在应变梯度大的应变场中，应尽量选用

栅长比较短的应变片；当大应变梯度垂直于所贴应变片的轴线时，应选用栅宽窄的应变片。

4. 测量精度

一般认为，以胶膜为基底、以铜镍合金和镍铬合金材料为敏感栅的应变片性能较好，它具有精度高、长期稳定性好以及防潮性能好等优点。

2.4.2 电阻应变片的安装

常温应变片的安装采用粘贴方法。应变片粘贴操作过程如下：

1. 检查和分选应变片

应变片粘贴前应进行外观检查和阻值测量。检查应变片敏感栅有无锈斑、基底和覆盖层有无破损、引线是否牢固等。阻值测量的目的是检查应变片是否有断路、短路情况，并按阻值进行分选，以保证使用同一温度补偿片的一组应变片的阻值相差不超过 0.1 Ω。

2. 粘贴表面的准备

首先除去构件（或试样）粘贴表面的油污、漆、锈斑、电镀层等，用纱布交叉打磨出细纹以增加粘结力，接着用浸有酒精（或丙酮）的脱脂棉球擦洗，并用钢针划出贴片定位线，再用细砂布轻轻磨去划线毛刺，然后进行擦洗，直至棉球上不见污迹为止。

3. 贴片

胶粘剂不同，应变片粘贴过程也不同。以氰基丙烯酸酯胶粘剂 502 胶为例，在应变片基底底面涂上 502 胶（挤上一小滴即可），立即将应变片底面向下放在被测位置上，并使应变片轴线对准定位线，然后将氟塑料膜盖在应变片上，用手指柔和滚压挤出多余的胶，然后用拇指静压 1 min，使应变片与被测件完全粘合后再放开，从应变片无引线的一端揭掉氟塑料膜。

注意：502 胶不能用得过多或过少，过多会导致胶层太厚影响应变片测试性能，过少则粘结不牢，不能准确传递应变，也影响应变片测试性能。此外，注意不要被 502 胶粘住手指，如被粘住，可用丙酮洗。

4. 固化

粘片时最常用的是氰基丙烯酸酯胶粘剂（如 502 胶、501 胶）。用它贴片后，只要在室温下放置数小时即可充分固化，而且具有较强的粘结能力。对于需要加温加压固化的胶粘剂，应严格按胶粘剂的固化规范进行。

5. 测量导线的焊接与固定

待胶粘剂初步固化以后，即可焊接导线。常温静态应变测量时，导线可采用直径 0.1 ~ 0.3 mm 的单丝包铜线或多股铜芯塑料软线。导线与应变片引线之间最好使用接线端子片。接线端子片是用敷铜板腐蚀而成的。接线端子片应粘贴在应变片引线端的附近，将应变片引线与导线都焊在端子片上。

注意：应变片引线通常在应变片出厂时已由工厂连接好，连接到接线端子片时稍松弛即可，不宜过松。常温应变片均用锡焊。为了防止虚焊，必须除尽焊接端的氧化皮、绝缘物，再用酒精等溶剂清洗，并且焊接要准确迅速，焊点要丰满光滑，不带毛刺。

已焊好的导线应在试样上固定。固定的方法有用胶布粘、用胶粘剂粘（如用 502 胶粘）等。

6. 检查

对已充分固化并连接好导线的应变片，在正式使用前必须进行质量检查。除对应变片做外观检查外，尚应检查应变片是否粘贴良好、贴片方位是否正确、有无短路和断路、绝缘电阻是否符合要求等。

2.4.3　电阻应变片的防护

对安装后的应变片，应采取有效的防潮措施。

防潮剂应具有良好的防潮性，对被测件表面和导线有良好的粘结力；弹性模量低，不影响被测件的变形；对被测件无损坏作用，对应变片无腐蚀作用；使用工艺简单。

防护方法的选择取决于应变片的工作条件、工作期限及所要求的测量精度。对于常温应变片，常采用硅橡胶密封防护方法。这种方法是用硅橡胶直接涂在经清洁处理过的应变片及其周围，在室温下 12 ~ 24 h 固化。放置时间越长，固化效果越好。硅橡胶使用方便，防潮性能好，附着力强，储存期长，耐高低温，对应变片无腐蚀作用，但粘结强度较低。

2.5　半导体应变片

半导体应变片是随着半导体技术的发展而产生的新型应变片。与金属丝式应变片或箔式应变片的工作原理不同，半导体应变片是利用硅半导体材料的压阻效应工作的，因而灵敏度大大高于金属丝式应变片或箔式应变片，制造成本低，易于集成和数字化。

2.5.1　半导体应变片的结构及工作原理

半导体应变片是利用硅半导体材料的压阻效应制成的。半导体材料在受力变形后，除机械尺寸的变化引起电阻改变外，其电阻率也同时发生了很大改变，从而引起应变片阻值的变化。这种由外力引起半导体材料电阻率变化的现象称为半导体材料的压阻效应。

制造半导体应变片的敏感栅材料，有锗、硅、锑化铟、磷化铟、磷化镓及砷化镓等，但大批量产品常用的材料还是锗和硅。按照制造敏感栅的不同方法，半导体应变片可以分为 3 种类型，即体型半导体应变片、扩散型半导体应变片和薄膜型半导体应变片。

由于半导体应变片灵敏度高，对后续电路的要求就比较低，所以也用来制作各种传感器，如气体传感器、压力传感器、加速度传感器等。

由于半导体应变片对温度很敏感，因而使用相同性能的应变片时必须进行温度补偿。最好的测试方法是使用 4 个应变片组成全桥电路，当然也可使用半桥电路测试。由于应变片阻值的变化很大，使用恒压供桥时，应变片的输出必须互补，否则将产生较大的非线性误差，所以恒流供桥是优选方案。

2.5.2 半导体应变片的特点

半导体应变片的主要特点有以下几个方面：

（1）尺寸小而电阻值大。半导体应变片敏感栅的栅长都比较小，最小的可在 0.2 mm 以下，最大的电阻值可达到 10 kΩ。

（2）灵敏系数大。常用的半导体应变片，灵敏系数的范围为 50 ~ 200，还可以根据测量的需要选用不同的敏感栅材料，使灵敏系数为正值或负值。

（3）机械滞后的蠕变小。

（4）横向效应系数很小。

（5）疲劳寿命长。

（6）应变-电阻变化曲线的线性差，应变极限也比较低。

（7）灵敏系数随温度的变化大。

（8）温度效应很明显，热输出值大。半导体应变片对温度很敏感，因而温度稳定性和重复性不如金属应变片，适用于应变变化小的应变测试，尤其适用于动态应变测试。

（9）工作特性的分散性大。由于半导体材料的电阻率等性能具有较大的离散性，致使应变片的灵敏系数、热输出等工作特性的分散度大。

（10）工作温度范围窄。由于以上这些特点，半导体应变片在应力测量方面的应用不是很普遍，只有在要求应变片的尺寸很小而灵敏系数高的场合才选用它。且工作温度一般不超过 100 ℃，应变测试时的环境温度不宜有较大的变化。

2.5.3 半导体应变片的粘贴技术

半导体应变片大多采用胶粘剂进行安装。考虑到这种应变片的特点及性能上的限制，安装时要特别注意以下问题。

1. 胶粘剂的选择

首先，由于半导体敏感栅的机械滞后和蠕变近于零，安装之后的机械滞后和蠕变值主要取决于所用胶粘剂的质量，必须选用滞后和蠕变都很小的胶粘剂，才能充分发挥半导体敏感栅的特性。其次，要求胶粘剂的膨胀系数不要太大，以保证胶层在受热膨胀时，不会使半导体敏感栅承受过大的应力。此外，还要求胶粘剂的固化温度较低，固化时的体积收缩率较小。这是因为过高的固化温度将改变半导体材料的性能（以室温固化为宜），若溶剂挥发而产生较多的体积收缩，将使敏感栅所承受的压缩应力增大。最后，由于半导体敏感栅很脆，不容许胶粘剂进行加压固化，防止在安装时把敏感栅压坏。

2. 粘贴工艺

生产厂家提供的半导体应变片有两种：一种是有基底的；另一种是不带基底的。有基底的半导体应变片，粘贴时的步骤和要求与安装常温箔式电阻应变片基本相同。若应变片出厂时没有覆盖层，当它们被粘贴到试样表面（经初步固化或半固化）以后，可在其表面涂敷1~2层胶粘剂，或者加盖一层保护膜，再进行最后的固化处理或稳定化处理。

不带基底的半导体应变片，安装时应在经过打磨处理与严格清洗的试样表面上，先涂敷1~2次胶粘剂并进行固化，形成具有足够绝缘电阻的底层（厚度为0.01~0.02 mm），然后按规定的步骤粘贴敏感栅，并加盖保护层。

3. 引线的连接

有基底的半导体应变片，引线的焊接比较简单。它们的内引线已经焊在应变片内的引线端子上，这时只需焊上外引线，或者把外引线与试样上的接线端子连接即可。

对于无基底的半导体应变片，需要在粘贴敏感栅的时候安装一个内引线端子，这种端子的接点表面有焊接性能良好的金属（如纯金）镀层。用纯金引线使敏感栅与此端子连接。内引线的直径很小（ϕ0.05 mm），焊接时不能用普通的铅锡焊料，应采用不含铅的银锡焊料（银含量约为5%），配以功率很小的微型恒温烙铁，在尽可能短的时间内完成焊接。外引线以及测量导线的连接同上。

2.6 测量电桥的原理及特性

粘贴在构件上的电阻应变片，在测试过程中电阻的变化极其微小。为此需要设计测量电路把电阻变化转换为电压或电流的信号，再通过放大器将信号调理放大并记录，这就是电阻应变仪的工作原理。其中测量电路首选惠斯通电桥，也称测量电桥。

下面以直流电桥为例，分析测量电桥的应变测试的工作原理。

2.6.1 测量电桥的工作原理与特性

供桥电压为直流电压的测量电桥如图2-9所示。设电桥各桥臂分别为R_1、R_2、R_3、R_4；电桥的A、C为输入端，接直流电源，输入电压为U_{AC}，而B、D为输出端，输出电压为U_0。从ABC半个电桥来看，AC间的电压为U_{AC}，流经R_1的电流I_1为

$$I_1 = \frac{U_{AC}}{R_1 + R_2}$$

由此得出R_1两端的电压降为

$$U_{AB} = I_1 R_1 = \frac{R_1}{R_1 + R_2} U_{AC}$$

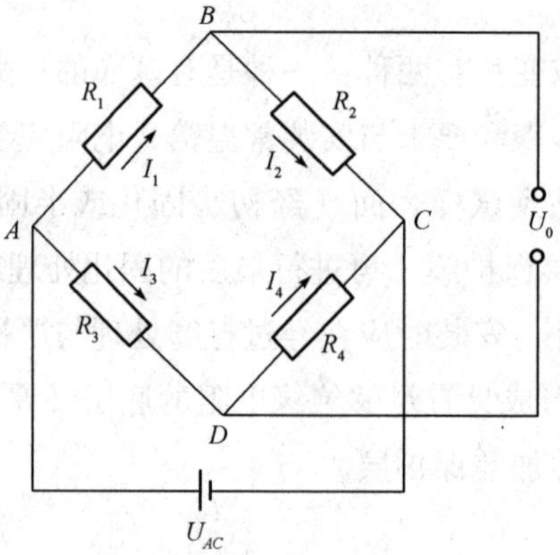

图 2-9　测量电路

同理，R_3 两端的电压降为

$$U_{AD}=\frac{R_3}{R_3+R_4}U_{AC}$$

故可得到电桥输出电压为

$$U_0=U_{AB}-U_{AD}=\left(\frac{R_1}{R_1+R_2}-\frac{R_3}{R_3+R_4}\right)U_{AC}=\frac{R_1R_4-R_2R_3}{(R_1+R_2)(R_3+R_4)}U_{AC} \tag{2.12}$$

由式（2.12）可知，要使电桥平衡，也就是说使电桥的输出电压为零，则桥臂电阻必须满足

$$R_1R_4=R_2R_3 \tag{2.13}$$

设初始处于平衡状态的电桥，各桥臂相应的电阻增量为 ΔR_1、ΔR_2、ΔR_3、ΔR_4，则由式（2.12）得到电桥输出电压为

$$U_0=\frac{(R_1+\Delta R_1)(R_4+\Delta R_4)-(R_2+\Delta R_2)(R_3+\Delta R_3)}{(R_1+\Delta R_1+R_2+\Delta R_2)(R_3+\Delta R_3+R_4+\Delta R_4)}U_{AC} \tag{2.14}$$

将式（2.12）和式（2.13）代入式（2.14），且 $\Delta R \ll R$，略去高阶微量，得

$$U_0=\frac{R_1R_2}{(R_1+R_2)^2}\left(\frac{\Delta R_1}{R_1}-\frac{\Delta R_2}{R_2}-\frac{\Delta R_3}{R_3}+\frac{\Delta R_4}{R_4}\right)U_{AC} \tag{2.15}$$

在用应变电桥进行测量时，常用的测量电桥有两种形式：

（1）等臂电桥。各桥臂初始值相等，$R_1=R_2=R_3=R_4$。

（2）卧式电桥。初始阻值 $R_1=R_2=R'$ 和 $R_3=R_4=R''$。

无论哪种方案，均满足平衡条件，且 $R_1=R_2$，故式（2.15）可以简化成

$$U_0=\frac{U_{AC}}{4}\left(\frac{\Delta R_1}{R_1}-\frac{\Delta R_2}{R_2}-\frac{\Delta R_3}{R_3}+\frac{\Delta R_4}{R_4}\right) \tag{2.16}$$

若四个桥臂均使用灵敏系数 K 相同的应变片，根据 $\frac{\Delta R_i}{R}=K\varepsilon_i$，有

$$U_0 = \frac{KU_{AC}}{4}(\varepsilon_1 - \varepsilon_2 - \varepsilon_3 + \varepsilon_4) \tag{2.17}$$

上式表明，应变片感受到的应变通过测量电桥可以转换成电压信号。此信号经过应变仪放大处理，再用应变仪输出的读数应变 ε_d 表示出来，即

$$\varepsilon_d = \varepsilon_1 - \varepsilon_2 - \varepsilon_3 + \varepsilon_4 \tag{2.18}$$

由上式可见，测量电桥有下列特性：

（1）相邻相减。两相邻桥臂上应变片的应变代数相减。即应变同号时，输出应变为两相邻桥臂应变之差；异号时为两相邻桥臂应变之和。

（2）相对相加。两相对桥臂上应变片的应变代数相加。即应变同号时，输出应变为两相邻桥臂应变之和；异号时为两相邻桥臂应变之差。

应变仪的输出应变实际上就是读数应变，所以合理地、巧妙地利用电桥特性，可以增大读数应变，并且可测出复杂受力杆件中的内力分量。

2.6.2　温度的影响与补偿

在测量时，若被测构件及所粘贴应变片的工作温度发生变化，应变片将产生热输出 ε_t。由于结构处在不承载且无约束状态下 ε_t 仍然存在，当结构承受荷载时，这个应变就会与由荷载作用而产生的应变叠加在一起输出，使测量到的输出应变中包含了因环境温度变化而引起的应变 ε_t，因而必然对测量结果产生影响。

温度变化引起的应变 ε_t 的大小可以与构件的实际应变相当。因此，在应变测量中，必须消除温度应变 ε_t，以排除温度的影响，这是一个十分重要的问题。

测量应变片既传递被测构件的机械应变，又传递环境温度变化引起的应变。根据式（2.18），如果将两个应变片接入电桥的相邻桥臂，或将 4 个应变片分别接入电桥的 4 个桥臂，只要每一个应变片的 ε_t 相等，即要求应变片相同，被测构件材料相同，所处温度场相同，则电桥输出中就消除了 ε_t 的影响。这就是桥路补偿法，或称为温度补偿法。温度补偿法可分为两种，下面做简单介绍。

1. 补偿块补偿法

此方法是准备一个材料与被测构件相同，但不受外力的补偿块，并将它置于构件被测点附近，使补偿片与工作片处于同一温度场中，如图 2-10（a）所示。在构件被测点处粘贴电阻应变片 R_1，称工作应变片（简称工作片），接入电桥的 AB 桥臂，另外在补偿块上粘贴一个与工作片规格相同的电阻应变片 R_2，称温度补偿应变片（简称补偿片），接入电桥的 BC 桥臂，在电桥的 AD 和 CD 桥臂上接入固定电阻 R，组成等臂电桥，如图 2-10（b）所示。这样根据电桥的基本特性式（2.18），在测量结果中便消除了温度的影响。

2. 工作片补偿法

在同一被测试件上粘贴几个工作应变片，将它们适当地接入电桥（比如相邻桥臂）。当试件受力且测点环境温度变化时，每个应变片的应变中都包含外力和温度变化引起的应变，

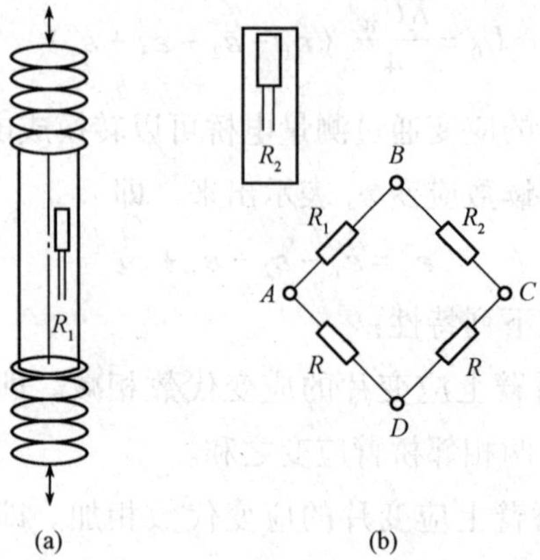

图 2-10　补偿块补偿法

（a）补偿块；（b）等臂电桥

根据电桥的基本特性式（2.15），在应变仪读数应变中消除温度变化所引起的应变，从而得到所需测量的应变，这种方法叫工作片补偿法。在该方法中，工作应变片既参加工作，又起到温度补偿的作用。

如果在同一试件上能找到温度相同的几个贴片位置，而且它们的应变关系又已知，就可采用工作片补偿法进行温度补偿。

2.7　电阻应变片在电桥中的接线方法

应变片测量电桥中有各种接法。实际测量时，根据电桥基本特性和不同的使用情况，采用不同的接线方法，以达到以下目的：

（1）实现温度补偿。

（2）从复杂的变形中测出所需要的某一应变分量。

（3）扩大应变仪的读数，减少读数误差，提高测量精度。

为了达到上述目的，需要充分利用电桥的基本特性，精心设计应变片在电桥中的接法。

在测量电桥中，根据不同的使用情况，各桥臂的电阻可以部分或全部是应变片。测量时，应变片在电桥中常采用以下几种接线方法。

2.7.1　半桥测量接线法

若在测量电桥的 AB 和 BC 桥臂上接应变片 R_1 和 R_2，而在另外两桥臂 AD 和 CD 上接固定电阻 R，这种接线方式称为半桥测量接线法。设 R_1 和 R_2 感受的应变（含构件的变形应变和温度应变）分别为 ε_1 和 ε_2，固定电阻因温度和工作环境的变化而产生的电阻变化很小，且相同，即 $\Delta R_3=\Delta R_4$，因而有 $\varepsilon_3=\varepsilon_4$。根据式（2.18），应变仪的读数应变为

$$\varepsilon_d=\varepsilon_1-\varepsilon_2 \tag{2.19}$$

根据两应变片的工作状态不同，可分为两种半桥接线方式的测量，即双臂半桥测量和单臂半桥测量。

1. 双臂半桥测量

双臂半桥测量方法，如图 2-11 所示。设工作应变片 R_1 和 R_2 感受构件变形引起的应变为 $\varepsilon^{(1)}$和 $\varepsilon^{(2)}$，感受温度引起的应变均为 ε_t，则

$$\varepsilon_1=\varepsilon^{(1)}+\varepsilon_t,\ \varepsilon_2=\varepsilon^{(2)}+\varepsilon_t$$

根据式（2.19），应变仪的读数应变为

$$\varepsilon_d=\varepsilon^{(1)}-\varepsilon^{(2)} \tag{2.20}$$

即，应变仪的读数应变为两工作片上构件变形应变的代数和。

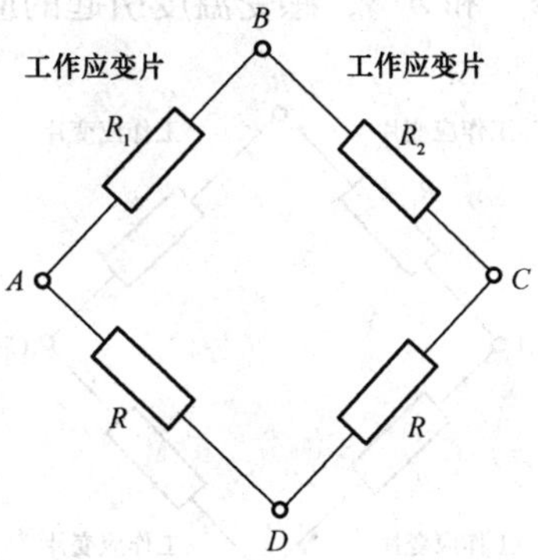

图 2-11　工作应变片双臂半桥测量

2. 单臂半桥测量

单臂半桥测量常用于温度补偿，如图 2-12 所示，R_1 为工作应变片，R_2 为温度补偿应变片。设工作应变片感受构件变形引起的应变为 $\varepsilon^{(1)}$，感受温度引起的应变为 ε_t，则

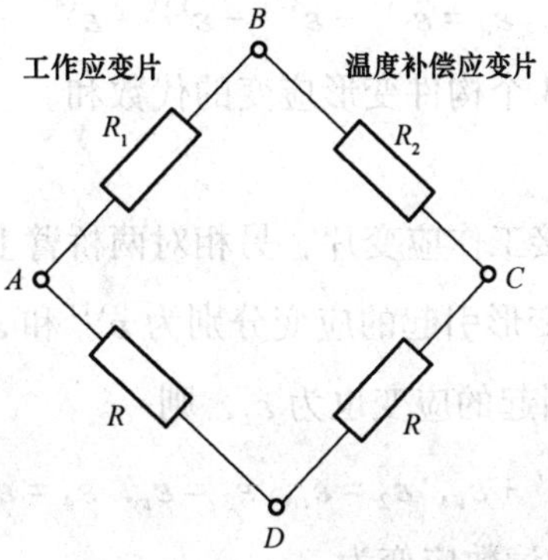

图 2-12　工作应变片单臂半桥测量

$$\varepsilon_1 = \varepsilon^{(1)} + \varepsilon_t, \quad \varepsilon_2 = \varepsilon_t$$

根据式（2.19）可得应变仪的读数应变为

$$\varepsilon_d = \varepsilon^{(1)} \tag{2.21}$$

即，应变仪的读数应变为工作片上的构件变形应变。

2.7.2 全桥测量接线法

在测量电桥的四个桥臂上全部接电阻应变片的接线方式，称为全桥测量接线法。根据4个应变片的工作状态和性质不同，可分为两种全桥接线方式的测量，即四臂全桥测量和对臂全桥测量。

1. 四臂全桥测量

测量电桥的4个桥臂上都接工作应变片，如图2-13所示。设工作应变片感受构件变形引起的应变分别为$\varepsilon^{(1)}$、$\varepsilon^{(2)}$、$\varepsilon^{(3)}$和$\varepsilon^{(4)}$，感受温度引起的应变均为ε_t，则

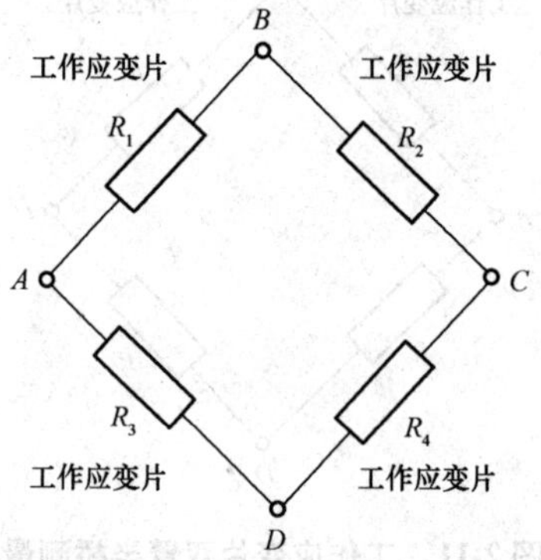

图2-13 工作应变片四臂全桥测量

$$\varepsilon_1 = \varepsilon^{(1)} + \varepsilon_t, \quad \varepsilon_2 = \varepsilon^{(2)} + \varepsilon_t, \quad \varepsilon_3 = \varepsilon^{(3)} + \varepsilon_t, \quad \varepsilon_4 = \varepsilon^{(4)} + \varepsilon_t$$

根据式（2.18），应变仪的读数应变为

$$\varepsilon_d = \varepsilon^{(1)} - \varepsilon^{(2)} - \varepsilon^{(3)} + \varepsilon^{(4)} \tag{2.22}$$

即，应变仪的读数应变为4个构件变形应变的代数和。

2. 对臂全桥测量

测量电桥相对两桥臂上都接工作应变片，另相对两桥臂上接温度补偿应变片，如图2-14所示。设工作应变片感受构件变形引起的应变分别为$\varepsilon^{(1)}$和$\varepsilon^{(4)}$，感受温度引起的应变均为ε_t，温度补偿应变片感受温度引起的应变也为ε_t，则

$$\varepsilon_1 = \varepsilon^{(1)} + \varepsilon_t, \quad \varepsilon_2 = \varepsilon_t, \quad \varepsilon_3 = \varepsilon_t, \quad \varepsilon_4 = \varepsilon^{(4)} + \varepsilon_t$$

根据式（2.18），应变仪的读数应变为

$$\varepsilon_d = \varepsilon^{(1)} + \varepsilon^{(4)} \tag{2.23}$$

即，应变仪的读数应变为相对两臂工作片上构件变形应变的代数和。

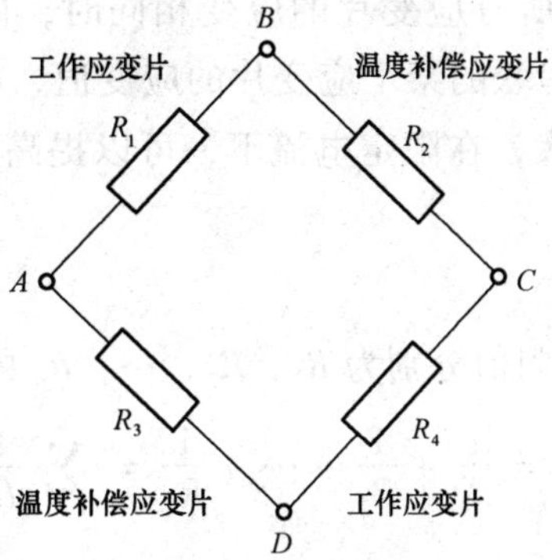

图 2-14　工作应变片对臂全桥测量

2.7.3　串联和并联测量接线法

在应变测量过程中，可将应变片串联或并联起来接入测量桥臂，图 2-15（a）所示为串联半桥测量接线法，图 2-15（b）所示为并联半桥测量接线法。

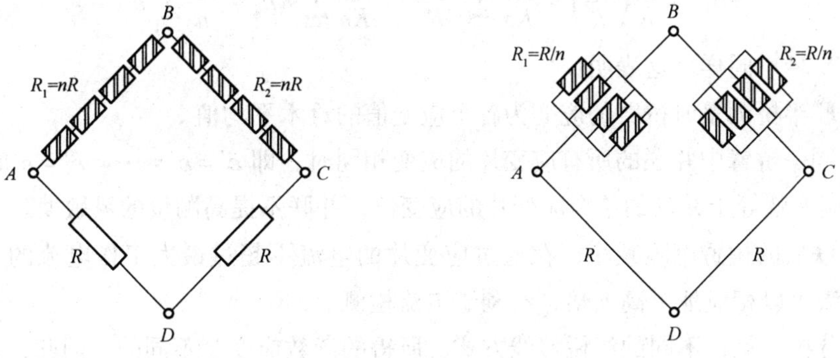

(a)　　(b)

图 2-15　串联和并联测量接线法

（a）串联半桥测量接线法；（b）并联半桥测量接线法

1. 串联半桥测量

设在 AB 桥臂中串联了 n 个阻值为 R 的应变片，则总阻值 R_1 为 nR，当每个应变片的电阻改变量分别为 $\Delta R_1'$，$\Delta R_2'$，…，$\Delta R_n'$时，则

$$\varepsilon_1 = \frac{1}{K}\left(\frac{\Delta R_1}{R_1}\right) = \frac{1}{K}\left(\frac{\Delta R'_1 + \Delta R'_2 + \cdots + \Delta R'_n}{nR}\right) = \frac{1}{n}\sum_{i=1}^{n}\varepsilon'_i \tag{2.24}$$

式中　ε_i'——第 i 个应变片的应变。

由式（2.24）可知：

（1）串联半桥测量时桥臂的应变为各个应变片应变值的算术平均值。这一特点在实际测量中具有实用价值。

(2) 当每一桥臂中串联的所有应变片的应变相同时，即 $\varepsilon_1' = \varepsilon_2' = \cdots = \varepsilon_n' = \varepsilon'$ 时，则 $\varepsilon_1 = \varepsilon'$，即桥臂的应变就等于串联的某个应变片的应变值，串联不提高测量的灵敏度。

(3) 串联后的桥臂电阻增大，在限定电流下，可以提高供桥电压，相应地增大读数应变，提高测量灵敏度。

2. 并联半桥测量

如果在 AB 桥臂上并联 n 个阻值分别为 R_1，R_2，…，R_n 的应变片，其总电阻为 R，则

$$\frac{1}{R} = \frac{1}{R_1} + \frac{1}{R_2} + \cdots + \frac{1}{R_n} = \sum_{i=1}^{n} \frac{1}{R_i}$$

对上式微分，可得

$$-\frac{1}{R^2}\mathrm{d}R = -\frac{1}{R_1^2}\mathrm{d}R_1 - \frac{1}{R_2^2}\mathrm{d}R_2 - \cdots - \frac{1}{R_n^2}\mathrm{d}R_n = -\sum_{i=1}^{n} \frac{1}{R_i^2}\mathrm{d}R_i$$

若所有应变片的阻值均相等，即 $R_1 = R_2 = \cdots = R_n = R_0$，则总电阻 $R = \frac{R_0}{n}$。故有

$$\frac{1}{R}\mathrm{d}R = \frac{1}{n}\sum_{i=1}^{n} \frac{1}{R_0}\mathrm{d}R_i$$

即

$$\varepsilon_1 = \frac{1}{K}\left(\frac{\mathrm{d}R}{R}\right) = \frac{1}{Kn}\sum_{i=1}^{n} \frac{\mathrm{d}R_i}{R_i} = \frac{1}{Kn}\sum_{i=1}^{n} K\varepsilon_i' = \frac{1}{n}\sum_{i=1}^{n} \varepsilon_i'$$

与式 (2.24) 同样。这表明：

(1) 并联半桥测量时桥臂的应变为各个应变值的算术平均值。

(2) 当同一桥臂中并联的所有应变片的应变相同时，即 $\varepsilon_1' = \varepsilon_2' = \cdots = \varepsilon_n' = \varepsilon'$ 时，则 $\varepsilon_1 = \varepsilon'$。桥臂的应变就等于并联的单个应变片的应变值，并联不提高测量的灵敏度。

(3) 并联后的桥臂电阻减小，在通过应变片的电流不超过最大工作电流的条件下，电桥的输出电流可以相应地提高 n 倍，有利于电流检测。

从以上分析可见，不同的组桥接线方式，所得的读数应变是不同的。因此，在实际应用时，应根据具体情况和要求灵活应用。

2.8 应力应变测量

在结构的强度分析中，得到构件的应力和应变的分布规律是非常重要的。在应力应变测量中，关键环节有两个：(1) 在应变测量中确定应变片的粘贴位置（测点的选择）和粘贴方向；(2) 根据应力应变分析将测得的应变换算成应力。

下面针对几种典型的平面应力状态进行分析。

2.8.1 已知主应力方向的单向应力状态

构件在外力作用下，若被测点为单向应力状态，则主应力方向已知。因此，只需在该点

沿主应力的方向粘贴一个应变片。测得该方向的应变 ε 后，由单向应力状态的胡克定律即可求得该方向的主应力为

$$\sigma = E\varepsilon \tag{2.25}$$

式中　E——被测构件材料的弹性模量。

2.8.2　已知主应力方向的二向应力状态

如果测点是二向应力状态，并且其主应力的方向已确定，如图 2-16 所示，受内压作用的薄壁容器，其表面各点为二向应力状态，且主应力方向已知，分别测出两个主应力 ε_1 和 ε_2（可采用单臂半桥测量的方法），然后由广义胡克定律即可求得主应力 σ_1 和 σ_2。

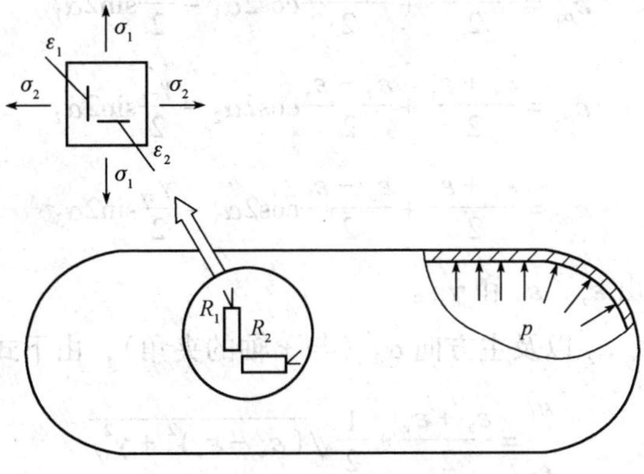

图 2-16　受内压作用的薄壁容器

$$\begin{aligned} \sigma_1 &= \frac{E}{1-\mu^2}(\varepsilon_1 + \mu\varepsilon_2) \\ \sigma_2 &= \frac{E}{1-\mu^2}(\varepsilon_2 + \mu\varepsilon_1) \end{aligned} \tag{2.26}$$

式中　μ——被测构件材料的泊松比。

2.8.3　未知主应力方向的二向应力状态

在形状及受力情况比较复杂的构件上，测点常为主应力未知的二向应力状态。为确定该点的主应力和主方向，可以通过测量该点处任意三个方向的线应变，从而得到主应变、主应力和主方向。测量的方法和原理如下：

在该点建立参考坐标系 xOy，如图 2-17 所示。沿与坐标轴 x 夹角分别为 α_1、α_2 和 α_3 的 3 个方向上，各粘贴一个应变片，分别测出这三个方向上的应变 ε_{α_1}、ε_{α_2}、ε_{α_2}，根据应变状态分析公式：

$$\varepsilon_\alpha = \frac{\varepsilon_x + \varepsilon_y}{2} + \frac{\varepsilon_x - \varepsilon_y}{2}\cos 2\alpha - \frac{\gamma_{xy}}{2}\sin 2\alpha \tag{2.27}$$

式中，ε_x、ε_y 和 ε_α 以伸长时为正，γ_{xy} 以直角增大时为正。可得

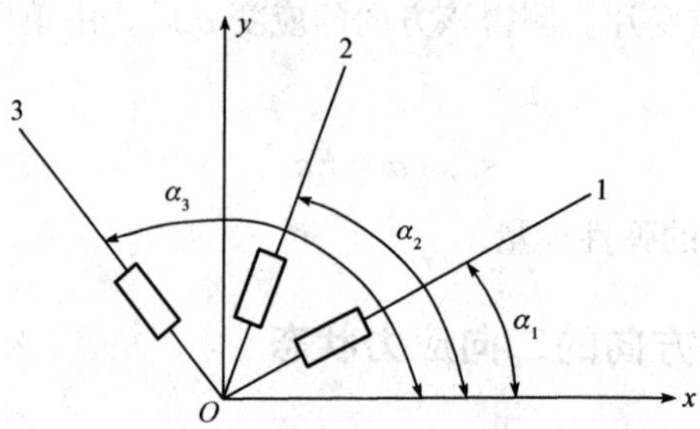

图 2-17　3 个应变片测量一点处的主应力

$$\varepsilon_{\alpha_1}=\frac{\varepsilon_x+\varepsilon_y}{2}+\frac{\varepsilon_x-\varepsilon_y}{2}\cos2\alpha_1-\frac{\gamma_{xy}}{2}\sin2\alpha_1$$

$$\varepsilon_{\alpha_2}=\frac{\varepsilon_x+\varepsilon_y}{2}+\frac{\varepsilon_x-\varepsilon_y}{2}\cos2\alpha_2-\frac{\gamma_{xy}}{2}\sin2\alpha_2 \tag{2.28}$$

$$\varepsilon_{\alpha_3}=\frac{\varepsilon_x+\varepsilon_y}{2}+\frac{\varepsilon_x-\varepsilon_y}{2}\cos2\alpha_3-\frac{\gamma_{xy}}{2}\sin2\alpha_3$$

由式（2.28）可解出 ε_x、ε_y 和 γ_{xy}。

该点处的主应变 ε_1、ε_2 以及主方向 α_0（与 x 轴的夹角），由下式可得：

$$\left.\begin{array}{c}\varepsilon_1\\ \varepsilon_2\end{array}\right\}=\frac{\varepsilon_x+\varepsilon_y}{2}\pm\frac{1}{2}\sqrt{(\varepsilon_x-\varepsilon_y)^2+\gamma_{xy}^2}$$

$$\tan2\alpha_0=-\frac{\gamma_{xy}}{\varepsilon_x-\varepsilon_y} \tag{2.29}$$

根据广义胡克定律式（2.26），可求出该点的主应力：

$$\left.\begin{array}{c}\sigma_1\\ \sigma_2\end{array}\right\}=\frac{E}{2}\left[\frac{\varepsilon_x+\varepsilon_y}{1-\mu}\pm\frac{1}{1+\mu}\sqrt{(\varepsilon_x-\varepsilon_y)^2+\gamma_{xy}^2}\right] \tag{2.30}$$

理论上，3 个应变片的布片方位可以任意设定，但是为了便于计算，常取一些特殊角度，如0°、45°、60°、90°或120°，并且把几个敏感栅按照一定夹角排列制作在同一基底上，成为一个整片，即应变花。

对不同形式的应变花，均可由测量结果 ε_{α_i}（$i=1, 2, 3$），根据式（2.28）~式（2.30）导出被测点的主应变、主应力和主方向计算公式。

作为例子，下面推导应用最广的三轴 45°应变花的应变和应力计算公式。

三轴 45°应变花由 $\alpha_1=0°$、$\alpha_1=45°$和 $\alpha_1=90°$三个方向的应变片组成，测出的应变相应为 $\varepsilon_{0°}$、$\varepsilon_{45°}$、$\varepsilon_{90°}$，将它们代入式（2.28），有

$$\varepsilon_x=\varepsilon_{0°}$$

$$\varepsilon_y=\varepsilon_{90°}$$

$$\gamma_{xy}=\varepsilon_{0°}+\varepsilon_{90°}-2\varepsilon_{45°}$$

根据式（2.29）得到主应变为

$$\begin{matrix}\varepsilon_1\\ \varepsilon_2\end{matrix}=\frac{\varepsilon_{0^\circ}+\varepsilon_{90^\circ}}{2}\pm\frac{1}{2}\sqrt{(\varepsilon_{0^\circ}-\varepsilon_{90^\circ})^2+(\varepsilon_{0^\circ}+\varepsilon_{90^\circ}-2\varepsilon_{45^\circ})^2}$$

根据式（2.30）可得主应力为

$$\begin{matrix}\sigma_1\\ \sigma_2\end{matrix}=\frac{E}{2}\left[\frac{\varepsilon_{0^\circ}+\varepsilon_{90^\circ}}{1-\mu}\pm\frac{1}{1+\mu}\sqrt{(\varepsilon_{0^\circ}-\varepsilon_{90^\circ})^2+(\varepsilon_{0^\circ}+\varepsilon_{90^\circ}-2\varepsilon_{45^\circ})^2}\right]$$

主应力方向和主应变方向一致，故可由式（2.29）得到主方向为

$$\tan 2\alpha_0=\frac{2\varepsilon_{45^\circ}-\varepsilon_{0^\circ}-\varepsilon_{90^\circ}}{\varepsilon_{0^\circ}-\varepsilon_{90^\circ}}$$

2.9 测量电桥的应用

在很多情况下，测点应变可能是由多种内力因素造成的。在结构分析和强度计算中，常常需要在多种内力因素引起的应变中确定某一种内力因素产生的应变，而把其余的应变排除。因此在应变测量中，必须根据测量目的分析构件中的应力应变分布规律，合理选择贴片位置、方位以及贴片数量，利用电桥的特性，合理地组桥，以尽可能高的灵敏度测出所需的被测量。

下面举例说明。

2.9.1 半桥接线法的应用

1. 拉压应变的测量

利用半桥接线法测定图2-18所示受拉构件的拉伸应变有两种方案：

（1）单臂半桥测量。在构件表面沿轴向粘贴工作片 R_1，另在补偿块上粘贴温度补偿应变片 R_2［图2-18（a）］，这时应变 ε_1 中除有荷载 F 引起的拉伸应变 ε_F 外，还有温度变化引起的应变 ε_t，即

$$\varepsilon_1=\varepsilon_F+\varepsilon_t$$

而 ε_2 中只有温度变化引起的应变 ε_t，即

$$\varepsilon_2=\varepsilon_t$$

按图2-18（c）接成半桥线路进行单臂半桥测量，则应变仪的读数应变由式（2.19）得

$$\varepsilon_d=\varepsilon_1-\varepsilon_2=(\varepsilon_F+\varepsilon_t)-\varepsilon_t=\varepsilon_F$$

可以看出，这样布片和接线，可测出荷载 F 作用下引起的拉伸应变，并且用补偿块补偿法消除了温度的影响。

（2）双臂半桥测量。在构件表面沿轴向和横向分别粘贴应变片 R_1 和 R_2［图2-18（b）］，

此时 $\varepsilon_1=\varepsilon_F+\varepsilon_t$。而 ε_2 中则有荷载 F 引起的横向应变 $-\mu\varepsilon_F$ 和温度变化引起的应变 ε_t，即

$$\varepsilon_2=-\mu\varepsilon_F+\varepsilon_t$$

按图 2-18（c）进行双臂半桥测量，应变仪的读数应变由式（2.19）得

$$\varepsilon_d=\varepsilon_1-\varepsilon_2=(\varepsilon_F+\varepsilon_t)-(-\mu\varepsilon_F+\varepsilon_t)=(1+\mu)\varepsilon_F$$

故杆件拉伸应变为

$$\varepsilon_F=\frac{\varepsilon_d}{1+\mu}$$

由此可见，这样布片和接线，可以测出荷载 F 作用下引起的拉伸应变，并且用工作片补偿法消除了温度影响。此外还可使读数应变增大（$1+\mu$）倍，提高测量灵敏度。因此，在实际测量中经常采用双臂半桥测量，而单臂半桥测量一般在多点测量中应用。

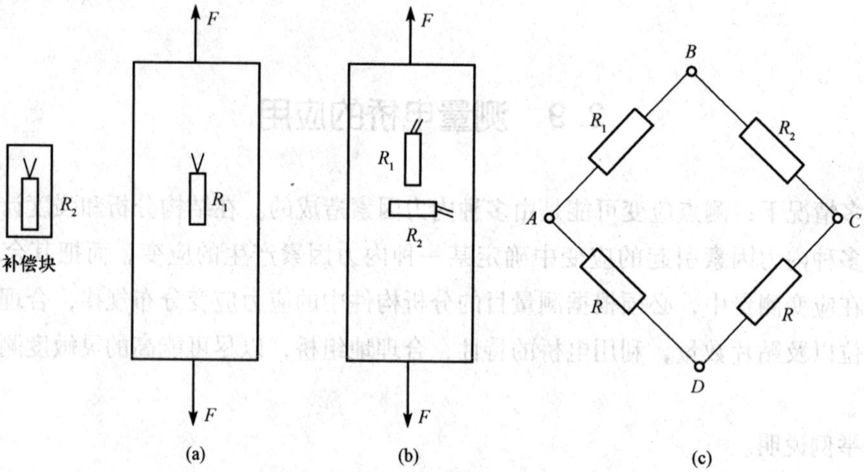

图 2-18　受拉构件的应变测量

（a）单臂半桥测量；（b）双臂半桥测量；（c）半桥线路

2. 扭转切应变的测量

圆轴扭转时，表面各点为纯剪切应力状态，其主应力大小和方向如图 2-19（a）所示，即在与轴线分别成 45°方向的面上，有最大拉应力 σ_1 和最大压应力 σ_3，且 $\sigma_1=-\sigma_3=\tau$。根据平面应力状态的广义胡克定律：

$$\varepsilon_1=\frac{1}{E}(\sigma_1-\mu\sigma_3)=\frac{(1+\mu)}{E}\tau=\varepsilon_T$$
$$\varepsilon_3=\frac{1}{E}(\sigma_3-\mu\sigma_1)=-\frac{(1+\mu)}{E}\tau=-\varepsilon_T \tag{2.31}$$

即，在 σ_1 作用方向有最大拉应变 ε_T，在 σ_3 作用方向有最大压应变 $-\varepsilon_T$，它们的绝对值相等。因此，可沿与轴线成 −45°方向粘贴应变片 R_1，沿与轴线成 45°方向粘贴应变片 R_2［图 2-19（b）］，此时各应变片的应变为

$$\varepsilon_1=\varepsilon_T+\varepsilon_t,\ \varepsilon_2=-\varepsilon_T+\varepsilon_t$$

按图2-19（c）进行双臂半桥测量，根据式（2.19），应变仪读数应变为

$$\varepsilon_d=\varepsilon_1-\varepsilon_2=2\varepsilon_T$$

由此看出，双臂半桥测量读数应变是被测应变的两倍，提高了测量灵敏度。由扭矩作用在 σ_1 作用方向所引起的应变为

$$\varepsilon_T=\frac{1}{2}\varepsilon_d \tag{2.32}$$

由式（2.31），得到扭转切应力为

$$\tau=\frac{E}{1+\mu}\varepsilon_T \tag{2.33}$$

将式（2.32）和 $G=\frac{E}{2(1+\mu)}$ 代入式（2.33），得扭转切应力为

$$\tau=\frac{E}{2(1+\mu)}\varepsilon_d=G\varepsilon_d \tag{2.34}$$

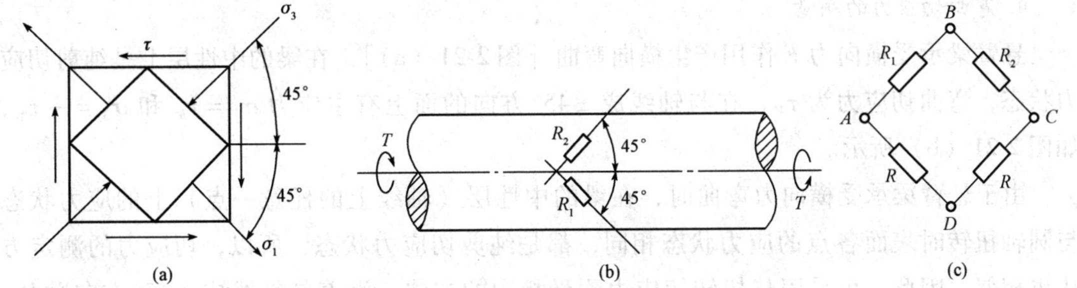

图2-19 扭转切应力的测量

（a）扭转切应力的大小和方向；（b）粘贴应变片；（c）双臂半桥线路

3. 弯曲正应力的测量

悬臂弯曲时（图2-20），同一截面上、下表面的应变，其绝对值相等，上表面产生拉应变 ε_M，下表面产生压应变 $-\varepsilon_M$。因此，可在被测截面的上、下表面沿杆件轴向各粘贴一个应变片，如图2-20（a）所示。各应变片的应变分别为

$$\varepsilon_1=\varepsilon_M+\varepsilon_t,\quad \varepsilon_2=-\varepsilon_M+\varepsilon_t$$

按图2-20（b）接成双臂半桥线路进行测量，根据式（2.19），应变仪的读数应变为

$$\varepsilon_d=\varepsilon_1-\varepsilon_2=(\varepsilon_M+\varepsilon_t)-(-\varepsilon_M+\varepsilon_t)=2\varepsilon_M$$

故梁上表面贴片截面处的弯曲应变为

$$\varepsilon_M=\frac{1}{2}\varepsilon_d \tag{2.35}$$

由此看出，这样布片和接线，可使应变仪的读数应变为梁弯曲应变的两倍，提高了测量灵敏度。由式（2.35）和胡克定律可得贴片截面的弯曲正应力为

$$\sigma=E\varepsilon_M=\frac{1}{2}E\varepsilon_d \tag{2.36}$$

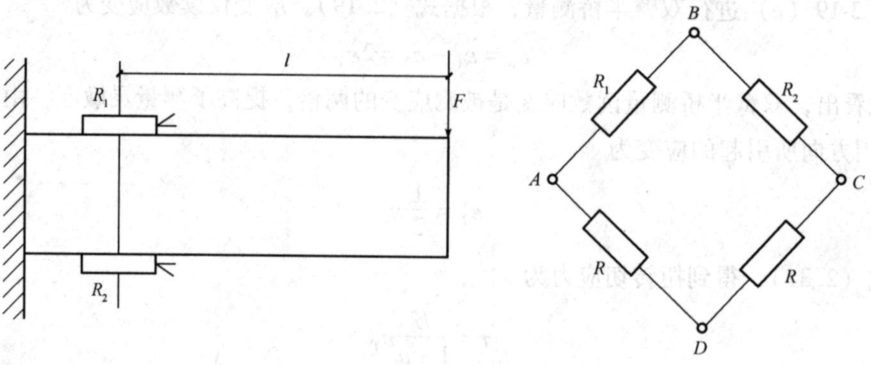

(a)　　　　　　(b)

图 2-20　弯曲正应力的测量

（a）悬臂粘贴应变片；（b）双臂半桥线路

4. 弯曲切应力的测量

悬臂梁承受横向力 F 作用产生横向弯曲［图 2-21（a）］，在梁的中性层上是纯剪切应力状态，弯曲切应力为 τ_M，在与轴线成 ±45°方向的面上有主应力 $\sigma_1=\tau_M$ 和 $\sigma_3=-\tau_M$，如图 2-21（b）所示。

由于悬臂梁承受横向力弯曲时，在梁的中性层（轴线上的任意一点）上的应力状态与圆轴扭转时表面各点的应力状态相同，都是纯剪切应力状态，所以，切应力的测定方法也相似。因此，可采用与扭转切应力测量相同的方法，沿着与轴线成 ±45°方向贴片。按图 2-21（c）进行双臂半桥测量，同理可得弯曲切应力为

$$\tau_M=\frac{E}{2(1+\mu)}\varepsilon_d=G\varepsilon_d$$

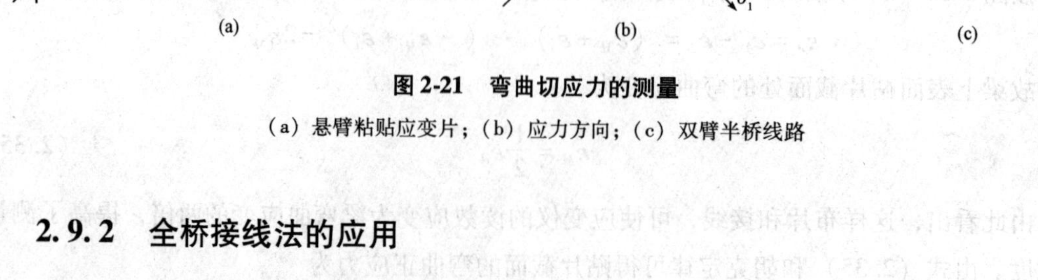

(a)　　　　　　(b)　　　　　　(c)

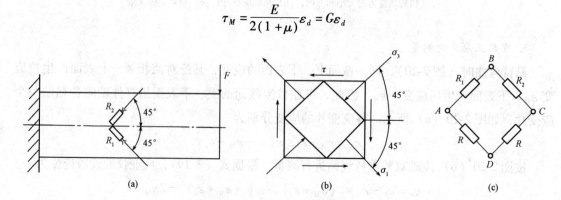

图 2-21　弯曲切应力的测量

（a）悬臂粘贴应变片；（b）应力方向；（c）双臂半桥线路

2.9.2　全桥接线法的应用

1. 弯扭组合变形时的扭转切应力测量

圆轴在弯扭组合变形时，中性轴上只有扭转切应力，没有弯曲正应力［图 2-22（a）］，

呈纯剪切应力状态。对于这种情况，可在前后中性轴上 a、b 两点分别沿与轴线成 ±45°方向，粘贴应变片 R_1、R_2、R_3 和 R_4，如图2-22（a)、(b）所示。并按图2-22（d）接成四臂全桥测量线路。

设 ε_T 为扭矩在被测点45°方向上引起的应变绝对值，由于 a、b 两点为纯剪切应力状态，由图2-22（c)、图2-19（b）及式（2.31）可知，各应变片的应变分别为

$$\varepsilon_1=\varepsilon_T+\varepsilon_t,\ \varepsilon_2=-\varepsilon_T+\varepsilon_t,\ \varepsilon_3=-\varepsilon_T+\varepsilon_t,\ \varepsilon_4=\varepsilon_T+\varepsilon_t$$

由式（2.18)，得应变仪的读数应变为

$$\varepsilon_d=\varepsilon_1-\varepsilon_2-\varepsilon_3+\varepsilon_4=4\varepsilon_T \tag{2.37}$$

由此可以看出，四臂全桥测量读数应变是被测应变的4倍，提高了测量的灵敏度。因此得由扭矩作用所引起被测点在45°方向的切应变为

$$\varepsilon_T=\frac{1}{4}\varepsilon_d \tag{2.38}$$

代入式（2.33)，即可得到扭转切应力为

$$\tau=\frac{G}{2}\varepsilon_d \tag{2.39}$$

讨论：由于粘贴的应变片偏离了中性层［图2-22（a)、(b)]，则在应变片内除了扭矩产生的应变外，还有弯曲产生的应变。设 R_1 和 R_2、R_3 和 R_4 的贴片位置相对中心轴是上下对称的［图2-22（b)]，则 R_1 和 R_3 上的拉应力与 R_2 和 R_4 上的压应力相等。若以 ε_M 和 ε_T 分别代表弯矩和扭矩在被测点45°方向上引起的应变绝对值，由于在弯矩 M 作用下 R_1 和 R_3 受拉，R_2 和 R_4 受压，则各应变片的应变分别为

$$\varepsilon_1=\varepsilon_M+\varepsilon_T+\varepsilon_t,\ \varepsilon_2=-\varepsilon_M-\varepsilon_T+\varepsilon_t,\ \varepsilon_3=\varepsilon_M-\varepsilon_T+\varepsilon_t,\ \varepsilon_4=-\varepsilon_M+\varepsilon_T+\varepsilon_t$$

由式（2.18)，得应变仪的读数应变为

$$\varepsilon_d=\varepsilon_1-\varepsilon_2-\varepsilon_3+\varepsilon_4=4\varepsilon_T$$

由上式看出，读数应变与式（2.37）一样。表明这样的接线方式既能消除弯曲和温度变化的影响，又可增大读数应变。

进一步讨论：如果是横向力弯曲的弯矩组合变形，除了弯矩、扭矩外还有剪力作用，在测量扭转切应力时，如何消除剪力产生的弯曲切应力的影响。

2. 材料弹性模量 E 和泊松比 μ 的测量

材料弹性模量 E 和泊松比 μ 的测量，可以在材料试验机或其他拉伸设备上进行。试件可能会有初曲率，同时试验机（或其他拉伸设备）的夹头难免会存在一些偏心作用，使得试件两面的应变不相同，即试件除产生拉伸变形外，还附加了弯曲变形，因此在测量中需设法消除弯曲变形的影响。

(1）测量弹性模量 E。在拉伸试件的两侧面，沿试件轴线 y 方向对称粘贴应变片 R_1 和 R_4；另在补偿块上粘贴补偿片 R_2 和 R_3，如图2-23（a）所示。并分别将 R_1 和 R_4、R_2 和 R_3 接入相对两桥臂，按图2-23（b）接成对臂全桥线路进行测量。

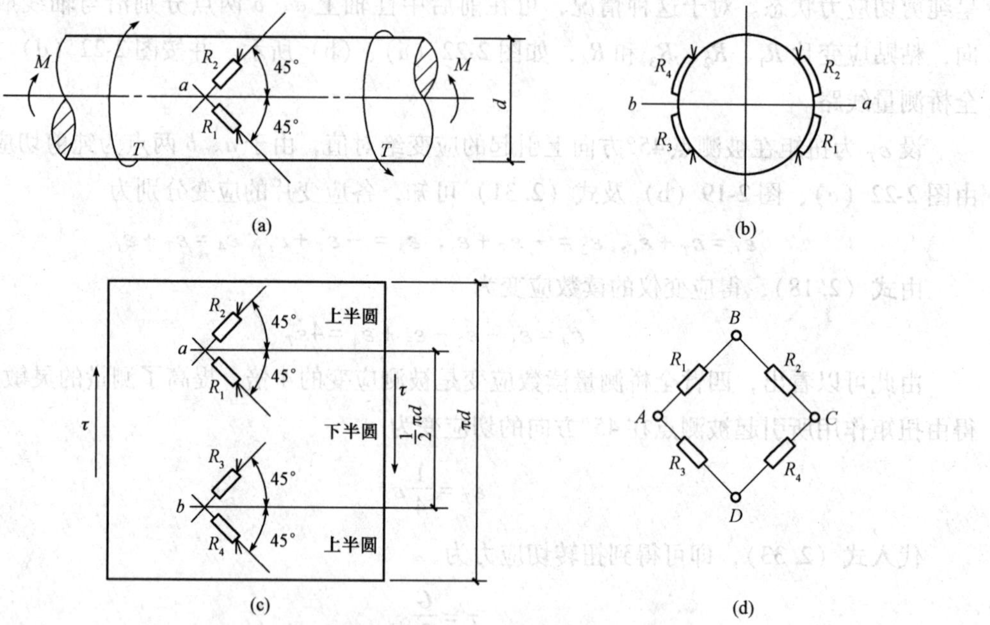

图 2-22　弯扭组合变形时的扭转切应力测量

（a）应变片粘贴正视图；（b）应变片粘贴侧视图；（c）应变片粘贴展开图；（d）四臂全桥线路

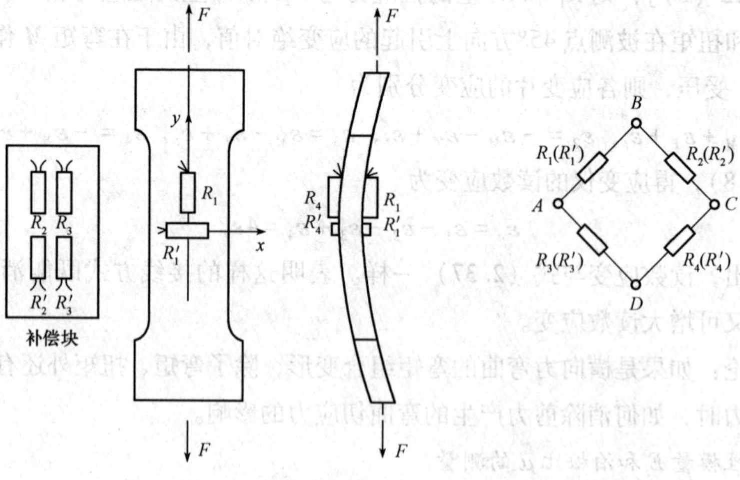

图 2-23　材料弹性模量 E 和泊松比 μ 的测量

（a）粘贴应变片；（b）对臂全桥线路

由于 R_1 上既有拉伸应力又有弯曲拉应力，R_4 上既有拉伸应力又有弯曲压应力，若以 ε_F、ε_M 分别代表测点轴向拉伸弯曲变形所引起的应变的绝对值，则各应变片的应变为

$$\varepsilon_1=\varepsilon_F+\varepsilon_M+\varepsilon_t,\quad \varepsilon_2=\varepsilon_3=\varepsilon_t,\quad \varepsilon_4=\varepsilon_F-\varepsilon_M+\varepsilon_t$$

根据式（2.18），应变仪的读数应变为

$$\varepsilon_{yd}=\varepsilon_1-\varepsilon_2-\varepsilon_3+\varepsilon_4=2\varepsilon_F$$

因此，由轴向拉伸变形引起的应变为

$$\varepsilon_F=\frac{1}{2}\varepsilon_{yd} \tag{2.40}$$

可见在读数应变中已经消除了弯曲变形和温度变化的影响。

若试件截面面积为 A，且测得拉力 F，则得到材料的弹性模量为

$$E=\frac{\sigma}{\varepsilon_F}=\frac{2F}{\varepsilon_{yd}A}$$

(2) 测量泊松比 μ。在图 2-23 (a) 所示的拉伸试件两侧面，沿与试件轴线垂直的 x 方向对称粘贴工作应变片 R_1'、R_4'，另在补偿块上粘贴补偿片 R_2'、R_3'，分别将 R_1'和 R_4'、R_2'和 R_3'接入相对两桥臂，按图 2-23 (b) 接成对臂全桥线路进行测量。此时各应变片的应变为

$$\varepsilon_1=-\mu(\varepsilon_F+\varepsilon_M)+\varepsilon_t,\ \varepsilon_2=\varepsilon_3=\varepsilon_t,\ \varepsilon_4=-\mu(\varepsilon_F-\varepsilon_M)+\varepsilon_t$$

根据式 (2.18)，应变仪的读数为

$$\varepsilon_{xd}=\varepsilon_1-\varepsilon_2-\varepsilon_3+\varepsilon_4=-2\mu\varepsilon_F \tag{2.41}$$

由式 (2.41) 和式 (2.40)，便可得到材料泊松比为

$$\mu=\left|\frac{\varepsilon_{xd}}{\varepsilon_{yd}}\right|$$

2.9.3　串联接线法的应用

以拉弯组合变形时的应变测量为例说明串联接线法的应用。

杆件承受弯曲和拉伸变形时 [图 2-24 (a)]，各点的应变由弯矩和轴向拉力共同作用产生，在上表面弯矩引起的应变和轴力引起的应变相加，在下表面弯矩引起的应变和轴力引起的应变相减。

1. 测量拉伸应变 ε_F

在杆件上、下表面粘贴应变片 R_1'和 R_1''，另在补偿块上粘贴温度补偿应变片 R_2'和 R_2''，如图 2-24 (a) 所示。并将 R_1'和 R_1''、R_2'和 R_2''分别串联起来，按图 2-24 (b) 接成半桥串联线路。由于 R_1'粘贴在上表面，该点的应变为轴力引起的拉应变和弯矩引起的拉应变叠加，R_1''粘贴在下表面，该点的应变为轴力引起的拉应变和弯矩引起的压应变叠加。所以各应变片的应变为

$$\varepsilon_1'=\varepsilon_F+\varepsilon_M+\varepsilon_t,\ \varepsilon_1''=\varepsilon_F-\varepsilon_M+\varepsilon_t,\ \varepsilon_2'=\varepsilon_t,\ \varepsilon_2''=\varepsilon_t$$

根据式 (2.24)，因此桥臂 AB 和 BC 的电阻所感受的总应变为

$$\varepsilon_1=\frac{\varepsilon_1'+\varepsilon_1''}{2}=\varepsilon_F+\varepsilon_t,\ \varepsilon_2=\frac{\varepsilon_2'+\varepsilon_2''}{2}=\varepsilon_t$$

由式 (2.19)，应变仪的读数应变为

$$\varepsilon_d=\varepsilon_1-\varepsilon_2=\varepsilon_F$$

可见这种贴片的组桥方式，可以消除弯矩和温度的影响，测出仅由轴力引起的应变，但读数应变没有增加，不提高测量灵敏度。

2. 测量弯曲应变 ε_M

在杆件的上、下表面沿轴向粘贴应变片 R_1、R_2，如图 2-24（c）所示。并按图 2-24（d）接成双臂半桥线路进行测量。此时 R_1、R_2 的应变为

$$\varepsilon_1 = \varepsilon_F + \varepsilon_M + \varepsilon_t，\ \varepsilon_2 = \varepsilon_F - \varepsilon_M + \varepsilon_t$$

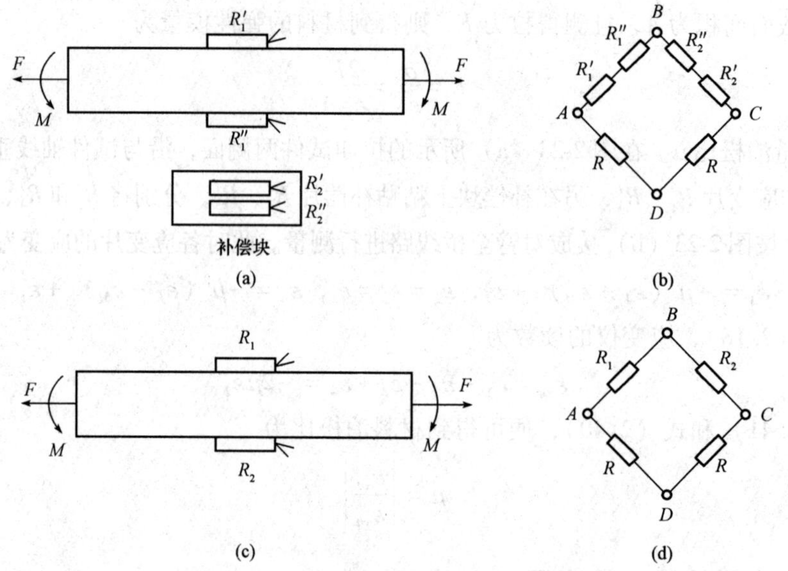

图 2-24　拉弯组合变形时的应变测量

（a）、（c）粘贴应变片；（b）半桥串联线路；（d）双臂半桥线路

由式（2.19），应变仪的读数应变为

$$\varepsilon_d = \varepsilon_1 - \varepsilon_2 = 2\varepsilon_M$$

故弯曲应变为

$$\varepsilon_M = \frac{1}{2}\varepsilon_d$$

由此可见，这样贴片和接线，可以消除轴力和温度变化的影响，测出仅由弯矩引起的弯曲应变。

讨论：测量轴力引起的应变时，还有多种方法，例如，除了使用上述的串联接线外，还可使用对臂全桥接线测量，也可以把应变片粘贴在中性轴上进行测量。

第3章

理论力学实验

理论力学是一门理论性较强的技术基础课，是现代工程基础理论之一，在日常生活和工程技术各领域都有着广泛的应用。由于这门学科的理论比较抽象，学生在学习时掌握较困难，而一些生活中有趣的实物及其原理分析与理论知识紧密结合，能加深学生对理论知识的理解和掌握。本章介绍的理论力学实验有较好的启发性，能够让学生通过实验加深对理论力学基本知识的理解，培养他们利用书本知识分析和解决实际问题的能力，激发学生学习基础力学的热情和动力，提高他们的创新思维能力。

3.1 单自由度振动实验

3.1.1 实验目的

（1）掌握测定单自由度系统固有频率、阻尼比的几种常用方法。

（2）掌握常用振动仪器的正确使用方法。

3.1.2 实验内容

（1）记录水平振动台的自由衰减振动波形。

（2）测定水平振动台在简谐激励下的幅频特性。

（3）测定水平振动台在简谐激励下的相频特性。

（4）根据上面测得的数据，计算出水平振动台的固有频率、阻尼比。

3.1.3 实验原理

具有黏滞阻尼的单自由度振动系统，自由振动微分方程的标准形式为 $\ddot{q}+2n\dot{q}+p^2q=0$，式中 q 为广义坐标，n 为阻尼系数，$2n=C_{eq}/m_{eq}$，C_{eq} 为广义阻力系数，m_{eq} 为等效质量；p 为固有的圆频率，$p^2=K_{eq}/m_{eq}$，K_{eq} 为等效刚度。在阻尼比 $\zeta=n/p<1$ 的小阻尼情况下，运动规律为 $q=Ae^{-nt}\sin\left(\sqrt{p^2-n^2}t+\alpha\right)$，式中 A、α 由运动的起始条件决定，$\sqrt{p^2-n^2}=2\pi f_d$。

具有黏滞阻尼的单自由度振动系统，在广义简谐激振力 $s(t)=H\sin\omega t$ 作用下，系统强迫振动微分方程的标准形式为 $\ddot{q}+2n\dot{q}+p^2=h\sin\omega t$，式中 $h=H/m_{eq}$。系统稳态强迫振动的运动规律 $q=B\sin(\omega t-\varphi)$，式中

振幅 $B=\dfrac{h}{\sqrt{(p^2-\omega^2)^2+4n^2\omega^2}}=\dfrac{B_0}{\sqrt{(1-\lambda^2)^2+4\zeta^2\lambda^2}}$

相位差 $\varphi=\arctan\dfrac{2n\omega}{p^2-\omega^2}=\arctan\dfrac{2\zeta\lambda}{1-\lambda^2}$

其中 $B_0=\dfrac{h}{p^2}=\dfrac{H}{K_{eq}}$，$\lambda=\dfrac{\omega}{p}$。

由台面、支撑弹簧片及电磁阻尼器组成的水平振动台，可视为单自由度系统，在瞬时或持续的干扰力作用下，台面可沿水平方向振动。

1. 衰减振动

用一点电脉冲沿水平方向冲击振动台，系统获得一初始速度而做自由振动，因存在阻尼，系统的自由振动为振幅逐渐减小的衰减振动。阻尼越大，振幅衰减越快。

为了便于观察和分析运动规律，采用电动式相对速度拾振器将机械振动信号变换为与速度成比例的电压信号，该电压信号经过计算机 A/D 和积分处理，得到与运动位移成比例的数字量，并显示运动位移随时间变化的波形。改变阻尼的大小可观察衰减振动波形的相应变化。

选 x 为广义坐标，根据记录的曲线（图 3-1）可分析衰减振动的周期 T_d，频率 f_d，对数减幅系数 δ 及阻尼比 ζ，有

$$T_d=\frac{\Delta t}{i},\ f_d=\frac{1}{T_d}$$

$$\delta=\frac{1}{i}\ln\left(\frac{X_1}{X_{i+1}}\right)=nT_d,\ \zeta=\frac{\delta}{\sqrt{4\pi^2+\delta^2}}\approx\frac{\delta}{2\pi}$$

式中 Δt——i 个整周期相应的时间间隔；

X_1、X_{i+1}——相隔 i 个周期的两个振幅。

2. 强迫振动的幅频特性测定

电磁激振系统由计算机虚拟信号发生器、功率放大器和激振器组成，它能对台面施加简谐激振力，当正弦交变信号通过功率放大器输给激振器的线圈时，磁场对线圈产生简谐激振

力，并通过顶杆作用于台面。

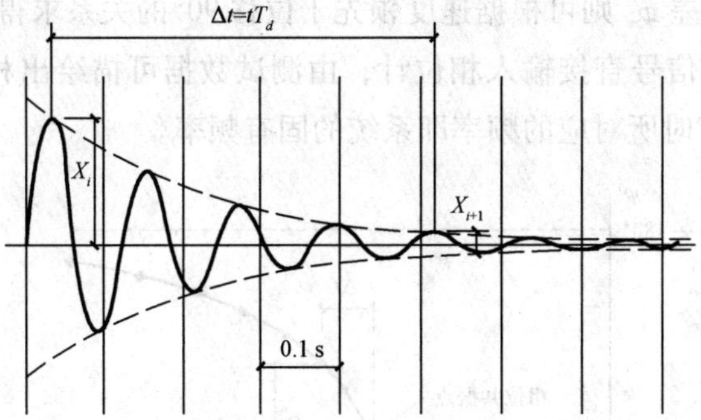

图 3-1 衰减振动记录

保持功放的输出电流幅值不变，即保持激振力力幅不变，缓慢地由低频 2 Hz 到高频 40 Hz 改变激振频率，用相对式速度拾振器检测速度振动量，再经过积分处理后得到位移量，由测试数据可描绘出一条振幅频率特性曲线（图 3-2）。

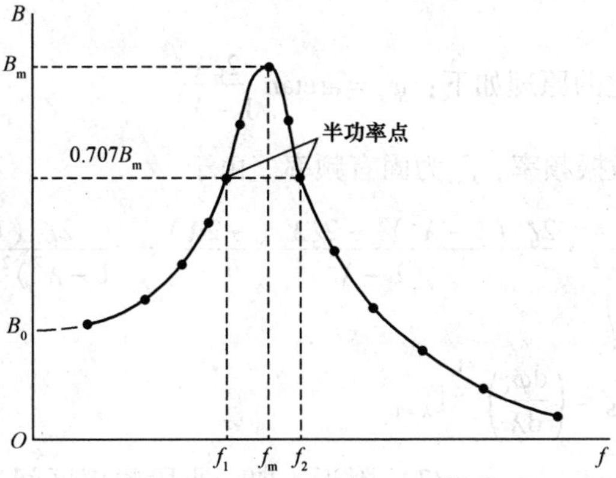

图 3-2 强迫振动的幅频特性曲线

而根据该测试曲线可由如下关系式估算系统的固有频率 f_n 及阻尼比 ζ：

$$f_n \approx f_m,$$

$$\zeta = \frac{1}{2\dfrac{B_m}{B_0}} \quad 或 \quad \zeta \approx \frac{f_2 - f_1}{2f_m}$$

其中 f_m 为振幅达到最大 B_m 时的激振频率；B_0 为零频率的相应振幅（约等于 $f=2$ Hz 时的振幅）；f_1 和 f_2 为振幅 $B=0.707B_m$ 的对应频率，即半功率点频率。

改变阻尼大小重新进行频率扫描可获得一组相应于不同阻尼比的幅频特性曲线。

3. 强迫振动的相频特性测定

在进行频率扫描的同时，如将激振力信号和拾振器的检测信号（正比于振动速度）分

别接到相位计的 A、B 输入端，可测出振动速度与激振力之间的相位差 φ_v 随频率的变化。振动位移对激振力的相位差 φ_x 则可根据速度领先于位移 90°的关系求得，即 $\varphi_x = \varphi_v - 90°$。这里将拾振器检测的速度信号直接输入相位计，由测试数据可描绘出相位差频率特性曲线如图 3-3 所示。$\varphi_x = -90°$时所对应的频率即系统的固有频率。

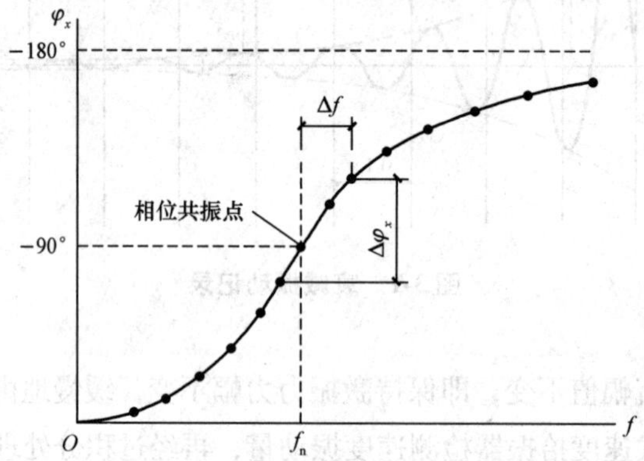

图 3-3　强迫振动的相频特性曲线

由相频特性求阻尼比的原理如下：$\varphi_x = \arctan \dfrac{2\zeta\lambda}{1-\lambda^2}$

其中 $\lambda = f/f_n$，f 为激振频率，f_n 为固有频率。由于

$$\frac{d\varphi_x}{d\lambda} = \frac{1}{1+\left(1+\dfrac{2\zeta\lambda}{1-\lambda^2}\right)^2} \cdot \frac{2\zeta\ (1-\lambda^2)\ -2\zeta\lambda\ (-2\lambda)}{(1-\lambda^2)^2} = \frac{2\zeta\ (1+\lambda^2)}{(1-\lambda^2)^2 + (2\zeta\lambda)^2}$$

故有 $\dfrac{d\varphi_x}{d\lambda}\Big|_{\lambda=1} = \dfrac{1}{\zeta}$ 即 $\zeta = \left(\dfrac{d\varphi_x}{d\lambda}\right)^{-1}\Big|_{\lambda=1}$

即在相位共振点（$f = f_n$，$\varphi_x = \pi/2$）附近，取一小段频率区间 Δf 求出相应的相位变化 $\Delta\varphi_x$（rad），即可由下式确定阻尼比 ζ：

$$\zeta \approx \frac{\Delta f}{f_n \Delta\varphi_x}$$

3.1.4　实验仪器

实验部分仪器的原理及功能说明如表 3-1 所示，测试系统如图 3-4 所示。

表 3-1　实验部分仪器的原理及功能说明

序号	名称	技术指标	参考型号	生产厂家
1	实验装置	固有频率：约 10 Hz 阻尼比：0.01～0.20 可变		自制
2	相对式速度拾振器	工作频率：2～500 Hz 位移：3 mm 峰值	CD-2	北京测振仪器厂

续表

序号	名称	技术指标	参考型号	生产厂家
3	电磁激振器	最大激振力：2 N 频率：2～1 000 Hz	JZ-1	北京测振仪器厂
4	功率放大器	最大电流输出：8 A 最大功率输出：100 W	YE5871	自制
5	相位差计	频率：2～280 Hz 分辨率：1°	VL-1	自制
6	阻尼器直流电源	DC 输出：0～30 V，2 A	PAB32-2A	KIKUSUI（日本）
7	微型计算机	内部有 A/D、D/A 插卡	通用型	

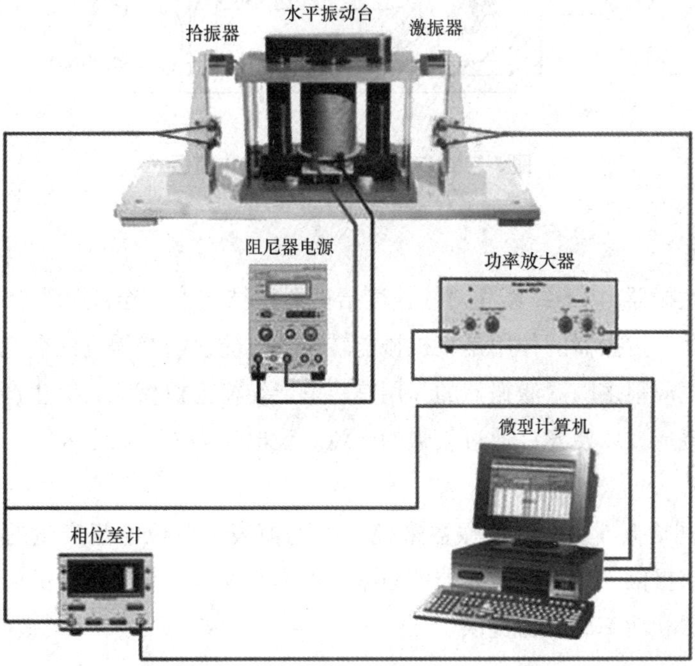

图 3-4　测试系统框图

1. 实验装置

振动台系统由台面、支撑弹簧片及电磁阻尼器组成，台面可沿水平面纵轴方向振动。铝质台面在电磁阻尼器的磁隙中运动时，产生与运动速度成正比的电涡流阻尼，调节阻尼电磁铁的励磁电流可改变阻尼的大小。

2. 相对式速度拾振器

CD-2 型相对式速度拾振器原理结构简图如图 3-5 所示，它由磁路系统、线圈、弹簧片、连接杆、顶杆和限幅箱组成。其中，线圈、连接杆和顶杆构成拾振器的可动部分，磁钢和钢质外壳构成带有环形磁隙的磁路系统。使用时，传感器外壳用安装座固定在基座上，顶杆借助拱形簧片的变形恢复力压紧在测量对象上，从而带动线圈相对环形磁隙以相对速度 v_r 振动，因而切割磁力线而产生感应电势，其开路电压的大小 $U = Blv_r$（V 或 mV），B 为磁隙的磁感应强度（Wb/m^2）；l 为线圈在磁隙中的有效长度（m）；Bl 的值表示对应于单位速度的感应电势，称为拾振器的名义灵敏度，由厂家提供。CD-2 在拾振器的名义灵敏度约为 30 V/（m·s）或 30 mV/（mm·s）。

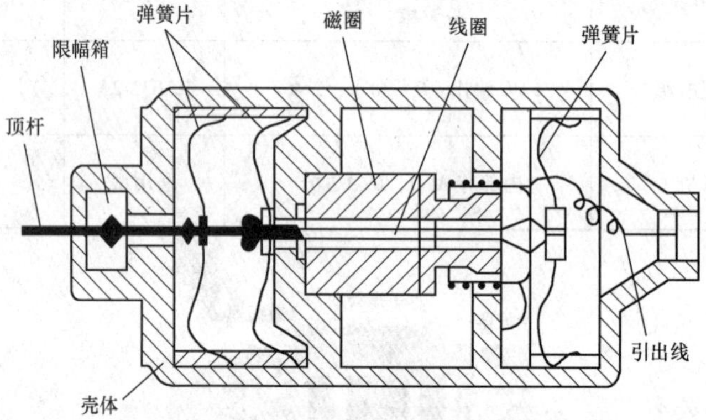

图 3-5　相对式速度拾振器结构简图

3. 电磁激振器

JZ-1 型电磁激振器与 CD-2 型相对式速度拾振器在结构上甚至尺寸上都完全相同，只是两者互为逆变换器。拾振器的作用是将机械能转换为电能。为获得高的名义灵敏度，线圈通常用很细的铜线绕成很多圈。激振器的作用是将电能转换为机械能，为生产较大推力，线圈选用较粗的铜线绕成，以便允许通过较强的电流。设电流为 I（A 或 mA），产生的激振力为 F，则 $F = BlI$（N）

B、l 的意义同拾振器。但对激振器来说，Bl 的值表示单位电流产生的激振力大小，称为力常数，由厂家提供。JZ-1 型激振器的力常数约为 5 N/A。频率可变的简谐电流由计算机的虚拟信号发生器和功率放大器提供。

4. 计算机虚拟设备

在计算机内部，有 A/D、D/A 接口板，可按照单自由系统测试要求，进行专门编程，完成模拟信号输入、输出、显示、分析和处理等功能（图 3-6）。

在自由衰减振动测试中，单击“自由衰减振动”按钮，可以实现电子脉冲敲击，触发等待、波形记录、光标读数等功能，此时显示界面如图 3-7 所示。

在强迫振动的幅频特性和相频特性的测试中，单击“简谐激励振动”按钮，可以实现信号发生器（产生一个可调节频率的正弦信号）、积分、电压表（完成两个信号有效值比）、波形显示等功能，此时显示界面如图 3-8 所示。

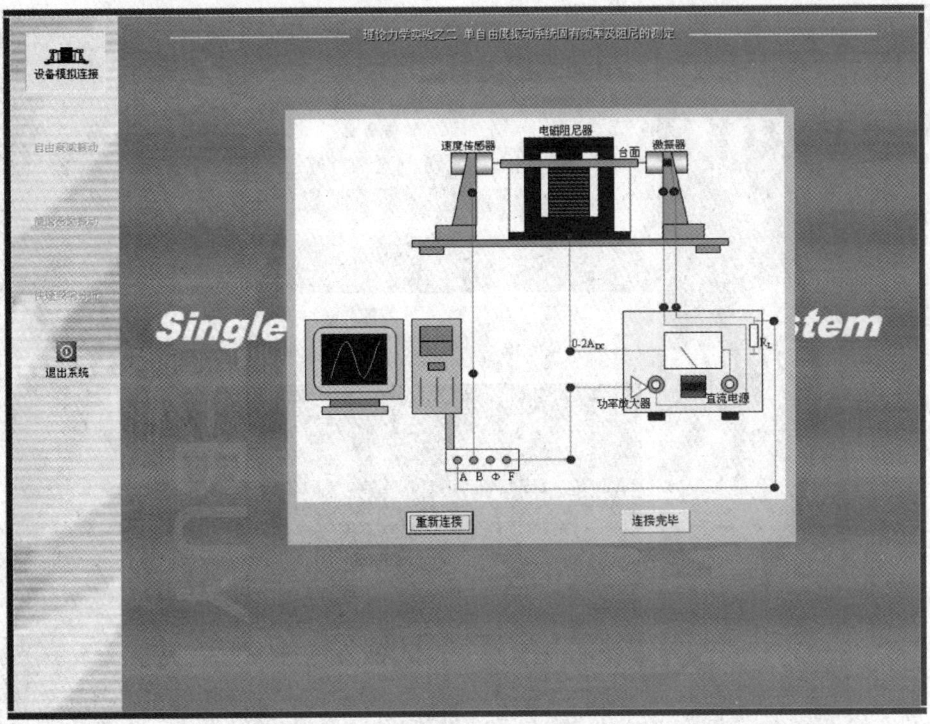

图 3-6　实验设备虚拟连接图

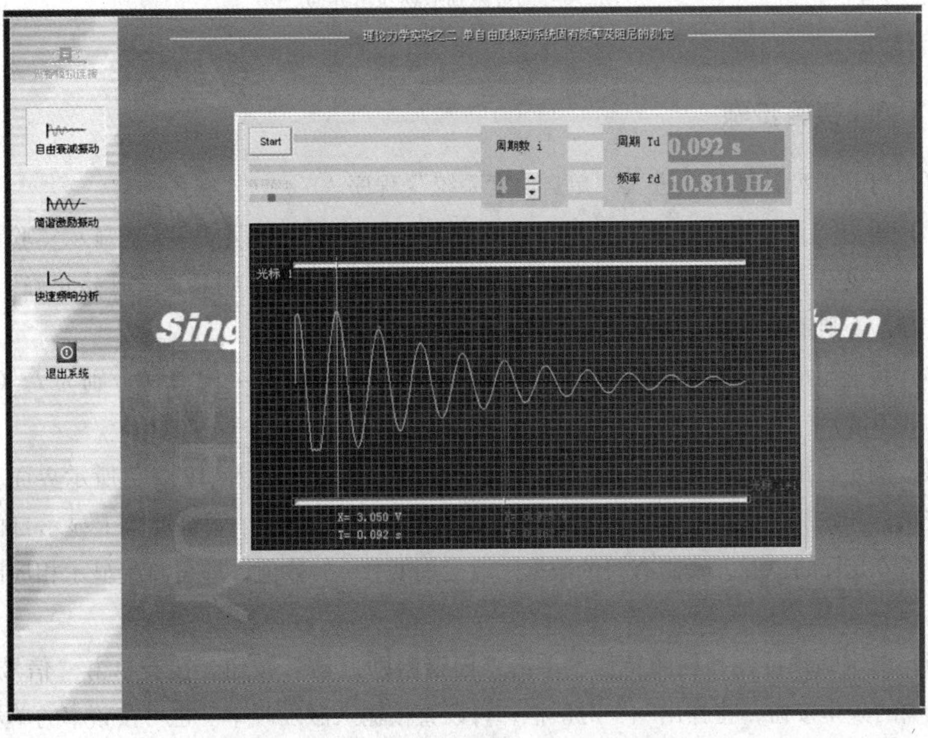

图 3-7　自由衰减振动显示界面

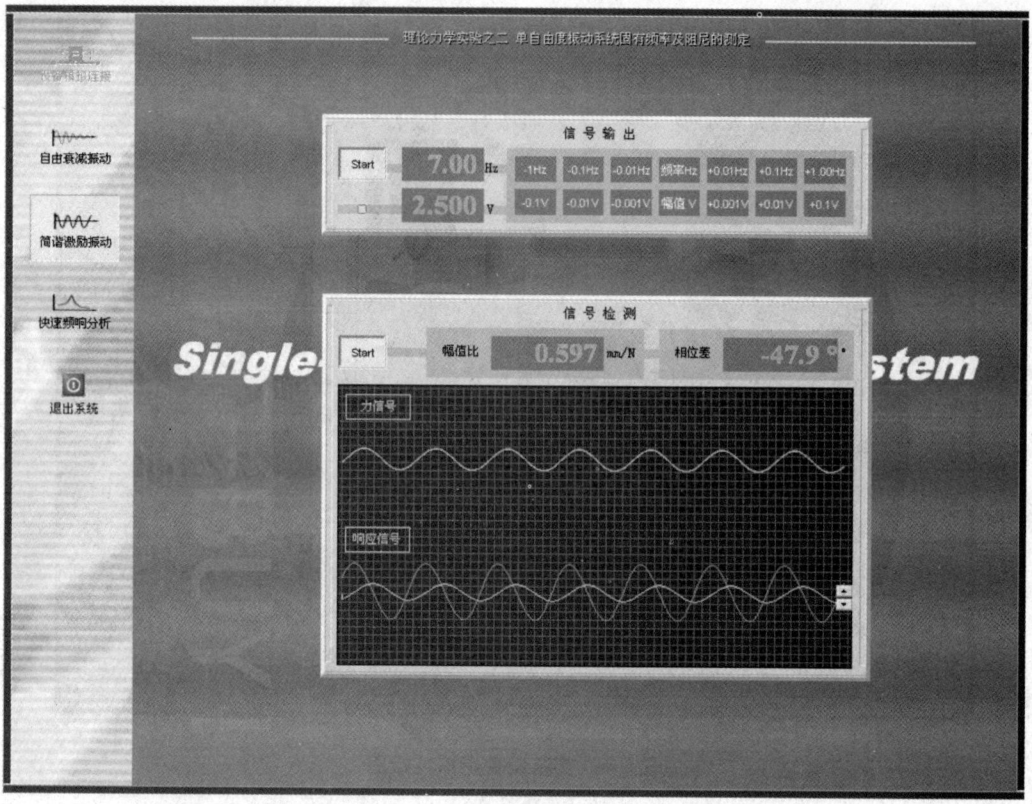

图 3-8 简谐激励振动显示界面

3.1.5 实验步骤

（1）打开微型计算机，进入“单自由度系统”程序。

（2）单击“设备模拟连接”按钮，进入设备连接状态，参照图 3-6 对显示实验设备进行连线。连线完毕后，单击“连接完毕”按钮。如果连接正确，则显示“连接正确”，即可往下进行，否则重新连接，直至连接正确。

（3）接通阻尼器励磁机功率放大器电源，调励磁电流为某一定值（分别为 $I=0.6$ A、0.8 A、1.0 A）。

（4）测定自由衰减振动。单击“自由衰减振动”按钮，进入如图 3-7 所示界面。单击 Start 按钮，开始测试。由一电脉冲沿水平方向突然激励振动台，微机屏幕上显示自由衰减曲线。调节光标的位置，读出有关的数据。改变周期数 i 的数值，即可直接显示相应的周期和频率。

（5）测定幅频特性和相频特性。单击“简谐激励振动”按钮，接着单击“信号输出”对话框中的频率按钮，将弹出一个对话框，可以直接输入激励频率。也可按频率的单步步进键进行激励调节。

（6）单击Start按钮，开始测试，开始强迫振动幅频特性和相频特性测量，其中2～15 Hz内大致相隔1 Hz设一个测点；15～30 Hz内每隔5 Hz设一个测点。

（7）在“信号检测”对话框显示力信号和响应信号波形，以便观察信号的质量。幅值比显示振动位移与力的有效值比B。精确测出幅值振幅B的最大值B_m及对应的频率f_m，并精确找出与振幅$B=0.707B_m$对应的频率f_1和f_2（$f_1<f_m<f_2$）。相位差显示振动位移与力信号相位差φ_v。精确测出相位差$\varphi_v=0°$（$\varphi_x=-90°$）相应的频率f_n。由于相频特性在f_n邻近变化大，应加密测点。

（8）改变阻尼器励磁电流值2～3次，重复以上步骤。

3.1.6 实验数据处理及分析

1. 低阻尼自由衰减振动

低阻尼自由衰减振动在0.6 A、0.8 A和1.0 A下的相关数据如表3-2所示。

表3-2 低阻尼自由衰减振动在0.6 A、0.8 A和1.0 A下的相关数据

电流大小/A	周期数 i	振幅 X_1/mm	振幅 X_5/mm	周期 T_d/s	频率 f_d/Hz
0.6					
0.8					
1.0					

处理结果如表3-3所示。

表3-3 处理结果

电流 I/A	0.6	0.8	1.0
ζ			

2. 强迫振动的幅频特性和相频特性

$I=0.8$ A、1.0 A幅值比、相位差以及对应频率f数据如表3-4所示。

表3-4 $I=0.8$ A、1.0 A幅值比、相位差以及对应频率f数据

电流 I/A	0.8		1.0	
频率/Hz	幅值比/（$mm \cdot N^{-1}$）	相位差 Φ/°	幅值比/（$mm \cdot N^{-1}$）	相位差 Φ/°
1				
2				
3				
4				

续表

电流 I/A	0.8		1.0	
频率/Hz	幅值比/（$mm \cdot N^{-1}$）	相位差 Φ/°	幅值比/（$mm \cdot N^{-1}$）	相位差 Φ/°
5				
6				
7				
8				
9				
10				
11				
12				
13				
14				
15				
20				
25				
30				

3.2 科氏惯性力演示实验

3.2.1 实验目的

（1）理解点的合成运动的有关概念，研究科氏加速度产生的机理。

（2）理解惯性参考系与非惯性参考系的概念，研究科氏惯性力产生的机理。

（3）应用科氏加速度和科式惯性力的有关理论解释河岸冲刷、火车铁轨磨损等有关的工程问题。

3.2.2 实验原理

当动点相对动系运动，而动系又相对静系做转动时，一般情况下就会产生科氏加速度，可见科氏加速度是由于相对运动与牵连运动相互影响的结果。理论上科氏加速度 $a_c = 2\omega v_r$，式中，ω 为动系转动角速度矢量，v_r 为动点的相对速度矢量。科氏加速度大小 $a_c = 2\omega v_r \sin\alpha$，式中 α 为 ω 与 v_r 之间的夹角，方向由右手规则确定。

质量 dm 的微元受到的科氏惯性力为 $dF_{IC} = -dm \cdot a_c$，其中负号表示科氏惯性力的方向与科氏加速度的方向相反。

本演示实验就是通过调节 ω、v_r 的大小和方向，以及它们之间的夹角 α 的大小，全面演示在不同情况下，通过皮带的张开与靠拢来显示科氏加速度与科氏惯性力的大小和方向。

3.2.3　实验仪器

科氏加速度与科氏惯性力演示试验台（图 3-9），由转台驱动机构、皮带驱动机构、转台倾角调节机构以及试验台控制系统四部分组成。

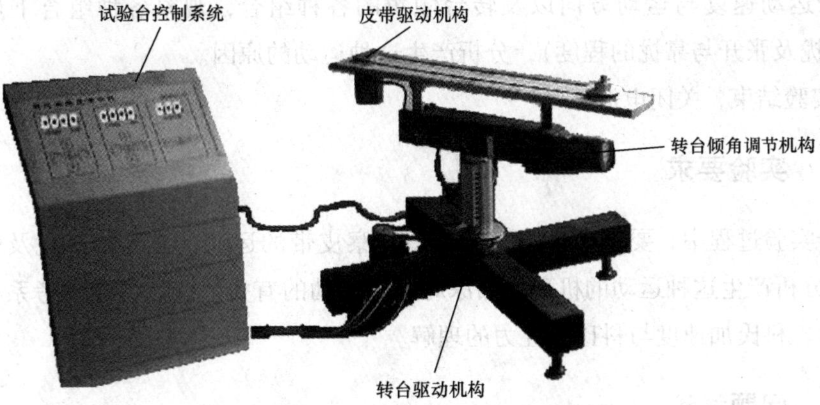

图 3-9　科氏加速度与科氏惯性力演示试验台

3.2.4　实验步骤

（1）接通电源，准备实验。

（2）进行实验。

①调节转台转速。

a. 按住▲键，转台顺时针方向转动，转台转速显示窗显示在调转速，达到所需转速后，松开按键，则转速稳定在所需转速上，观察皮带的运动。

b. 按住停止键，转台减速转动直至停止，转台转速显示窗显示为零。

c. 按住▼键，转台逆时针方向转动，转台转速显示窗显示在调转速，达到所需转速后，松开按键，则转速稳定在所需转速上，观察皮带的运动。

②调节皮带速度。

a. 按住▲键，皮带盘顺时针方向转动，皮带盘转速显示窗显示在调转速，达到所需转速后，松开按键，则转速稳定在所需转速上，观察皮带的运动。

b. 按住停止键，皮带盘减速转动直至停止，皮带盘转速显示窗显示为零，观察皮带的运动。

c. 按住▼键，皮带盘逆时针方向转动，皮带盘转速显示窗显示在调转速，达到所需转速后，松开按键，则转速稳定在所需转速上，观察皮带的运动。

③调节转台倾角。

a. 按一次▲键，角度旋转45°，转台倾角旋转显示窗显示45°，观察皮带的运动。

b. 再按一次▲键，角度旋转90°，转台倾角旋转显示窗显示90°，观察皮带的运动。

c. 按一次▼键，角度返回旋转45°，转台倾角旋转显示窗显示45°，观察皮带的运动。

d. 再按一次▼键，角度继续返回45°，转台倾角旋转显示窗显示0°，观察皮带的运动现。

④综合调节转台转速与转向、皮带运动速度与运动方向以及转台倾角，形成转台转速与转向、皮带运动速度与运动方向以及转台倾角的各种组合，观察各种组合下皮带的运动（张开或靠拢及张开与靠拢的程度），分析产生这种运动的原因。

（3）实验结束，关闭电源。

3.2.5 实验要求

在整个实验过程中，要求学生集中注意力观察皮带的运动（张开或靠拢及张开与靠拢的程度），分析产生这种运动的机理，加深对合成运动的有关概念、惯性参考系与非惯性参考系的概念、科氏加速度与科氏惯性力的理解。

3.2.6 问题讨论

（1）试应用科氏加速度和科氏惯性力的有关理论解释河岸冲刷、火车铁轨磨损等有关的工程问题。

（2）试举出1或2个日常生活或工程实际中应用科氏加速度和科氏惯性力的例子，并做出定性分析，说明其工作机理。

3.3 回转体的动平衡实验

3.3.1 实验目的

（1）掌握刚性转子动平衡的实验方法。

（2）初步了解动平衡试验机的工作原理及操作特点。

（3）了解动平衡精度的基本概念。

3.3.2 实验原理

1. 刚性转子的平衡条件

所谓回转体的不平衡就是回转体的惯性主轴与回转轴不相一致；刚性转子的不平衡振动，是由于质量分布的不均衡，使转子上受到的所有离心惯性力的合力及所有惯性力偶矩之和不等于零引起的。设法修正转子的质量分布，保证转子旋转时的惯性主轴和旋转轴相一致，转子重心偏移重新回到转轴中心上来，消除由于质量偏心而产生的离心惯性力和惯性力偶矩，使转子的惯性力系达到平衡叫作动平衡实验。

由力学可知，刚性转子处于动平衡的条件是：

$$\sum p_i = 0(i = 1,2,3,\cdots)$$

$$\sum m_i = 0(i = 1,2,3,\cdots)$$

即作用在转子上所有离心惯性力以及惯性力偶矩之和都等于零。

2. 刚性转子的平衡校正

刚性转子的平衡校正工艺过程，包括两个方面的操作工艺：

（1）平衡测量：借助一定的平衡实验装置（如动平衡试验机等）测量平衡机支承架由于实验转子上离心力系不平衡引起的振动（或支反力），从而相对地测量出转子上存在的不平衡质量的大小和方位，测量工作要求精确。

（2）平衡校正：根据平衡测量提供的不平衡质量的大小和方位，选择合理的校正平面，根据平衡条件进行加重（或去重）修正，达到质量分布均衡的目的。

①运用钻削或其他方法在重心位置去除不平衡重。

②加重修正是运用螺纹连接、焊接或加其他平衡块的方法在较轻位置加重块平衡。

选择哪种校正办法，要根据转子结构的具体条件确定。在本实验里采用适量的橡皮泥做加重修正。橡皮泥作为实验的平衡试重，是工业上一种行之有效的常用方法之一。

3. 刚性转子动平衡的精度

即使经过平衡校正的回转体也总会有残存的不平衡，故需对回转体规定出相应的平衡精度。各种回转体的平衡精度可根据平衡等级的要求，在有关的技术手册中查阅。

3.3.3　实验仪器

动平衡试验机是用来测量转子不平衡质量的大小和相角位置的精密设备，一般由机座部套、左右支承架、圈带驱动装置、计算机显示系统、传感器限位支架、光电头等部套组成，实物如图 3-10 所示。

该试验机是硬支承平衡机。

根据刚性转子的动平衡原理，一个动不平衡的刚性转子总可以在与旋转轴线垂直而不与转子相重合的两个校正平面上减去或加上适当的质量来达到动平衡目的。为了精确、方便、迅速地测量转子的动不平衡，通常把力这一非电量的检测转换成电量的检测，本机用压电式力传感器作为换能器，由于传感器是装在支承轴承处的，故测量平面即位于支承平面上，但转子的两个校正平面，根据各种转子的不同要求（如形状、校正手段等），一般选择在轴承以外的各个不同位置上，所以有必要把支承处测量得到的不平衡力信号换算到两个校正平面上去，这可以利用静力学原理来实现。

图 3-10　硬支承动平衡机

在动平衡实验以前，必须首先解决两个校正平面不平衡的相互影响，通过两个校正平面间距 b，校正平面到左、右支承间距 a、c。a、b、c 几何参数可以很方便地由被平衡转子确定。

校正平面上不平衡量的计算：转子形状和装载方式如图 3-11 所示。

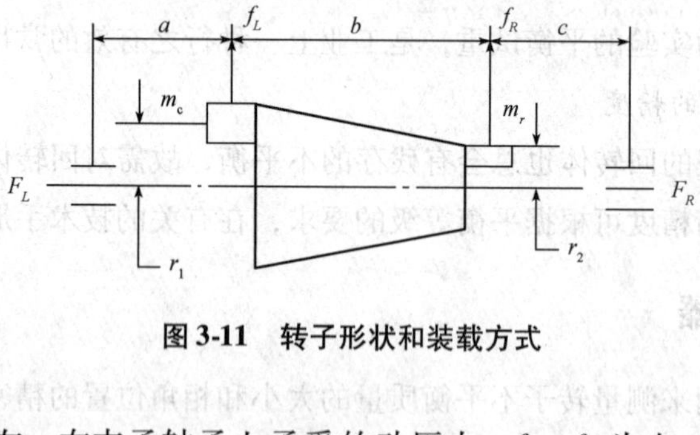

图 3-11　转子形状和装载方式

图中，F_L、F_R 为左、右支承轴承上承受的动压力；f_L、f_R 为左、右校正平面上不平衡质量的离心力；m_L、m_R 为左、右校正平面上的不平衡质量；a、c 为左、右校正平面至左、右支承间的距离；b 为左、右校正平面之间的距离；r_1、r_2 为左、右校正平面的校正半径；ω 为旋转角速度。

a、b、c、r_1、r_2 和 F_L、F_R 均为已知，刚性转子处于动平衡，必须满足 $\sum F=0$，$\sum M=0$ 的平衡条件。

$$F_L-f_L+F_R-f_R=0 \tag{3.1}$$

$$F_L\cdot a+f_R\cdot b-F_R(b+c)=0 \tag{3.2}$$

由式（3.2）得

$$f_R=(1+c/b)F_R-(a/b)F_L \tag{3.3}$$

将式（3.3）代入式（3.1）：

$$f_L = (1 + a/b)\ F_L - (c/b)\ F_R \tag{3.4}$$

因：

$$f_R = m_R \cdot r_2 \cdot \omega^2 \tag{3.5}$$

$$f_L = m_L \cdot r_1 \cdot \omega^2 \tag{3.6}$$

将式（3.5）代入式（3.3）：

$$m_R = (1/r_2\omega^2)\ [\ (1 + c/b)\ F_R - (a/b)\ F_L] \tag{3.7}$$

将式（3.6）代入式（3.4）：

$$m_L = (1/r_2\omega^2)\ [\ (1 + a/b)\ F_L - (c/b)\ F_R] \tag{3.8}$$

式（3.7）、式（3.8）的物理意义是：如果转子的几何参数（a、b、c、r_1、r_2）和旋转角速度ω已确定，则校正平面上应加的校正质量（试重）可以直接测量出来，并以克数显示。恰好表明了硬支承动平衡机所具有的特点。

3.3.4　实验步骤

1. 平衡校正的准备工作

把机座的电缆分别连接到计算机主机箱后板的插座上，左右传感线分别连接到机座的左右传感器上，检查无误后，再把电柜的电源插头插到220 V、50 Hz的交流电源上。为防止触电事故发生和避免电磁波干扰，机座和计算机必须接地。

按下计算机主机的电源开关，“POWER”指示灯亮，仪器预热5～10 min，双击“动平衡机测试”按钮，计算机运行动平衡机测量系统程序；用鼠标指向支承方式窗口，选择对应的支承方式和配重要求；用鼠标指向命令窗口，单击“选择”按钮，屏幕显示一个参数表对话框，可以在表中选定某种型号的电动机，再单击“确定”按钮，则该型号电动机的测量参数自动填入对应的参数文本框。

2. 机器标定

每测一种转子之前必须对机器进行一次标定，步骤如下：

（1）松开左右支承架的固定螺钉，根据转子轴的长短拉好左右支承架的距离，将转子放上支承架，移动左右支承架使传动带处在转子铁芯中心下面，把固定螺钉拧紧，再根据转子的半径调节传动带的高低，调节后传动要保持水平。

（2）按“启动”键，将机柜“开/关”旋钮拧到“开”的位置（“常开/自动”旋钮拧到“常开”的位置），电动机拖动转子转动，调节变频器转速电位器，确定转子的测量转速，待转子旋转匀速后，将“常开/自动”旋钮拧到“自动”的位置，机器会停下来。

（3）按“去重”键，使旁边红色箭头指向去重状态。

（4）将一已知质量加重块的质量分别输入到A、B文本框内，然后将此加重块放到左测量平面自定0°位置上，单击“启动”按钮，机器转动数秒后停下来，单击“左试重”按钮，取下左面加重块，把它放到右测量平面自定0°位置上，单击“启动”按钮，机器转动数秒后停下来，单击“右试重”按钮，取下右面加重块，在左、右都没有加重时单击“启动”

按钮，机器转动数秒后停下来，单击“零试重”按钮，最后单击“标定”按钮，机器完成标定。

3. 被测工件的测量与配重

（1）根据工件的配重要求（加重或去重）单击“去重”或“加重”按钮。

（2）选择合适的支承形式，把工件放到支承架上或专用夹具上固定好，单击“启动”按钮，机器运转，机柜门上有“常开/自动”旋钮，当选择“自动”挡时，机器运行几秒后会自动停止，同时锁定各项数据，此时的各项数据就是测量所需的数据。如果不选择自动停机，打“常开”挡，机器就不会停下来，当上述窗口显示的数值基本不跳动时，鼠标指向命令窗口，单击“停止”（与“启动”按钮相同）按钮，则上述窗口显示的数值也会被锁定。

（3）按照上述窗口显示的数值，在两校正平面上的对应相位按配重要求配重，当单击“启动”按钮时，上一次的测量数据会保存下来；

（4）重复（2）、（3）项，直到校测工件达到动平衡要求为止。工件在接近完全平衡时，其相角指示不太稳定，可以认为平衡已经完成，若凭试算法也可继续平衡，此时所得的平衡精度将比本机的标定值更高。

3.3.5 思考题

（1）影响动平衡精度的因素有哪些？

（2）哪些类型的试件需要进行动平衡实验？其理论依据是什么？

（3）试件经过动平衡后，是否还需要进行静平衡？

（4）为什么工业上采用平衡机进行动平衡校正，这样做有什么好处？

3.4 安全带锁紧演示实验

3.4.1 实验目的

（1）观察安全带锁紧机构的锁紧运动过程。

（2）了解安全带锁紧机构的工作原理。

3.4.2 实验原理

安全带自锁机构原理如图 3-12 所示，曲柄可以绕 O 点做双向转动；甩爪的一端与曲柄的自由端 A 点铰接，甩爪可以绕 A 点摆动；弹簧的两端分别连接在曲柄和棘爪上；齿圈的圆心在 O 点。

（1）自锁原理：在安全带伸长的过程中，与安全带相连的甩爪在弹簧的约束下与齿圈脱离，与曲柄一起随安全带的伸长做正向转动；当安全带的伸长速度突然加快时，甩爪和曲柄一起绕 O 点转动的速度随着增加，当转速增加到一定程度，甩爪在惯性力的作用下，克服弹簧的约束，绕 A 点转动，当甩爪与齿圈的内齿接触并嵌入内齿时，曲柄停止转动，阻止安全带继续伸长而达到锁紧的目的。

（2）自锁机构：安全带缠绕在卷带轴上，安全带伸长时，与卷带轴连接在一块的轴、棘轮、挡板、曲柄、甩爪及拉簧一起转动，安全带不断伸长；松开安全带，在扭簧的作用下，安全带缩回，这时，棘爪锁住棘轮，从而实时地阻止安全带继续缩回，保持安全带的伸出长度；转动手柄，棘爪与棘轮脱开，安全带在扭簧的作用下继续缩短到固定的位置。在安全带突然受到拉力快速伸长时，甩爪在惯性力的作用下绕销套旋转，与齿圈接触并嵌入其内齿，限制曲柄在原有的方向上继续转动，使得安全带不能继续伸长，达到锁紧的目的。

在安全带伸缩、锁紧的过程中，可以通过连接在轴右端的测量单元测出实时参数。

3.4.3　实验仪器

安全带自锁装置及机构原理图如图 3-12 所示。

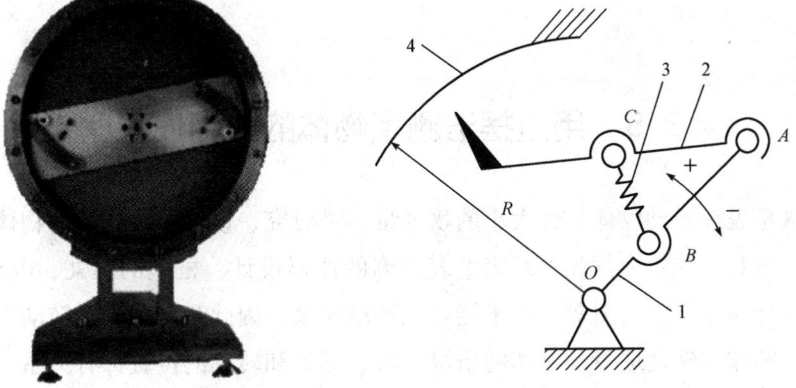

图 3-12　安全带自锁装置及机构原理图

1—曲柄；2—甩爪；3—弹簧；4—齿圈

3.4.4　实验步骤

（1）测量单元上接通电源。

（2）在不锁住的状态下拉出安全带，搬动手柄，用手轻轻拉住安全带，让安全带慢慢自动缩回锁紧机构。

（3）重复步骤（2）4 或 5 次。

（4）测量安全带伸出长度的保持功能：将安全带拉出不同的长度，分别在自由状态下放开安全带，观察安全带的运动。

(5) 在设定安全带伸出长度的情况下，突然加快拉出速度，安全带锁紧，此时记录测速单元测量的数据。

(6) 按照实验要求，重复步骤 (5)，记录相应数据。

3.4.5 实验要求

(1) 实验前需要了解安全带锁紧机构的原理，运用所学知识，推算锁紧时安全带的速度和加速度。

(2) 通过实验测出安全带锁紧时的速度和加速度。

(3) 在安全带拉出的过程中，拉力是逐渐变大的（因为扭簧变形逐渐增大），需要事先在安全带的某一个长度做出标识。

3.4.6 问题讨论

(1) 利用相关科目的知识，分析锁紧时安全带的速度和加速度的数学模型。

(2) 对照理论计算与实际测量数据，分析两者间的偏差，以及产生偏差的可能性。

(3) 根据分析，讨论优化安全带锁紧机构的结构及参数的途径。

3.5 用扭摆法测定物体的转动惯量

转动惯量是表征转动物体惯性大小的物理量，是研究、设计、控制转动物体运动规律的重要工程技术参数。如钟表摆轮、精密电表动圈的体形设计、枪炮的弹丸、电动机的转子、机器零件、导弹和卫星的发射等，都不能忽视转动惯量，因此测定物体的转动惯量具有重要的实际意义。刚体的转动惯量与刚体的质量分布、形状和转轴的位置都有关系。对于形状较简单的刚体，可以通过计算求出它绕定轴的转动惯量，但形状较复杂的刚体计算起来非常困难，通常采用实验方法来测定。

3.5.1 实验目的

(1) 用扭摆测定弹簧的扭转常数 K。

(2) 用扭摆测定几种不同形状物体的转动惯量，并与理论值进行比较。

(3) 验证平行轴定理。

3.5.2 实验原理

1. 扭摆的简谐运动

扭摆的构造如图 3-13 所示，在垂直轴 1 上装有一根薄片状的螺旋弹簧 2，用以产生恢复力矩。在轴的上方可以装有各种待测物体。垂直轴与支座间装有轴承，以降低摩擦力矩，3为水平仪，用来调整系统平衡。

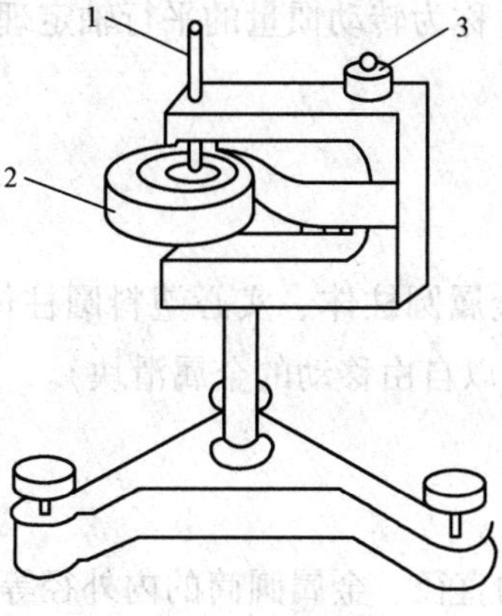

图 3-13 扭摆的构造

1—垂直轴；2—螺旋弹簧；3—水平仪

将物体在水平面内转过一角度 θ 后，在弹簧的恢复力矩作用下，物体就开始绕垂直轴做往返扭转运动。根据胡克定律，弹簧受扭转而产生的恢复力矩 M 与所转过的角度成正比，即

$$M = -K\theta \tag{3.9}$$

式中，K 为弹簧的扭转常数。根据转动定律

$$M = I\beta \tag{3.10}$$

式中，I 为转动惯量，β 为角加速度，由式（3.9）和式（3.10）得

$$\beta = -\frac{K}{I}\theta$$

其中$\frac{K}{I}=\omega^2$，忽略轴承的摩擦力矩，则有

$$\beta = \frac{\mathrm{d}^2\theta}{\mathrm{d}t^2} = -\frac{K}{I}\theta = -\omega^2\theta q$$

上式表明扭摆运动是简谐振动，且角加速度与角位移成正比，方向相反。此方程的解为

$$\theta = A\cos(\omega t + \varphi)$$

式中，A 为简谐振动的角振幅，φ 为初位相，ω 为角频率。此简谐振动的周期为

$$T = \frac{2\pi}{\omega} = 2\pi\sqrt{\frac{I}{K}} \tag{3.11}$$

利用式（3.11），测得扭摆的周期 T，在 I 和 K 中任何一个量已知时即可计算出另一个量。

本实验用一个转动惯量已知的物体（几何形状有规则，根据它的质量和几何尺寸用理论公式计算得到），测出该物体摆动的周期，再算出本仪器弹簧的 K 值。若要测量其他形状物体的转动惯量，只需将待测物体安放在本仪器顶部的各种夹具上，测定其摆动周期，由式（3.11）即可计算出该物体绕转动轴的转动惯量。

2. 平行轴定理

若质量为 m 的物体绕通过质心轴的转动惯量为 I_0，当转轴平行移动距离 x 时，则此物体对新轴的转动惯量 $I_0 = I_c + mx^2$，称为转动惯量的平行轴定理。

3.5.3 实验仪器

（1）转动惯量测试仪。

（2）几种待测刚体（空心金属圆柱体、实心塑料圆柱体、木球；验证转动惯量平行轴定理的金属细杆，杆上有两块可以自由移动的金属滑块）。

3.5.4 实验步骤

（1）用游标卡尺测圆柱体的直径、金属圆筒的内外径等（各测量 3 次）。用数字式电子台秤分别测出待测物体的质量。木球质量见球体上标签，直径取 134 mm。数字式电子台秤是利用数字电路和压力传感器组成的一种台秤。物体放在秤盘上即可从显示窗直接读出该物体的质量 m，最后位出现 ±1 的跳动属正常现象。

（2）调整扭摆基座底脚螺钉，使水准仪中气泡居中。

（3）装上金属载物盘，调节光电探头的位置。要求光电探头放置在挡光杆的平衡位置处，使载物盘上的挡光杆处于光电探头的中央，且能遮住发射和接收红外线的小孔。测定其摆动周期 T_4。

（4）将塑料圆柱垂直放在载物盘上，测出摆动周期 T_1。

（5）用金属圆筒代替塑料圆柱，测出摆动周期 T_2。

（6）取下载物金属盘，装上木球，测出摆动周期 T_3。

（7）取下木球，装上金属细杆（细杆中心必须与转轴中心重合），测出摆动周期 T_4。

（8）将滑块对称地放置在金属细杆两边的凹槽内，此时滑块质心离转轴的距离分别为 5.00 cm、10.00 cm、15.00 cm、20.00 cm、25.00 cm，分别测定细杆加滑块的摆动周期 T_5。

3.5.5 数据记录

（1）测定塑料圆柱、金属圆筒、木球与金属细杆的转动惯量（表 3-5）。

表 3-5 测定塑料圆柱、金属圆筒、木球与金属细杆的转动惯量的数据

物体名称	质量 /kg	几何尺寸 /mm	周期 /s	转动惯量理论值 /（kg · m²）	实验值 /（kg · m²）	误差
金属载物盘						
塑料圆柱						
金属圆筒						
木球						
金属细杆						

（2）验证转动惯量的平行轴定理（表3-6）。

表3-6　验证转动惯量的平行轴定理的数据

距离/cm	5.00	10.00	15.00	20.00	25.00
10次摆动周期 $10T$/s					
摆动周期 $\overline{T}$/s					
实验值 I/（10^{-2}kg·m）					
理论值 I/（10^{-2}kg·m）					
误差					

3.6　工程结构构件内力测量

3.6.1　实验目的

（1）通过对焊接、铆接和铰接等不同连接方式的工程结构施加不同的荷载，测量出各构件所受的内力值，并与相应材料与尺寸的理想桁架杆件内力的理论计算值进行分析比较，加深对实际工程结构的力学建模合理性的认识。

（2）了解掌握应变片测量的基本方法和静动态电阻测量仪的使用方法。

3.6.2　实验原理

应变法是测定杆件内力的常用方法，本方法利用物体受拉伸长、受压缩短这一基本规律，通过测量物体的实际变形来测定其实际受力。

平面静定构架的结点采用了销钉连接及焊接、铆接，荷载加在结点上。该结构比较接近于理想桁架，可按理想桁架进行理论计算。由材料力学可知，杆件在简单拉压状态下存在下列关系：

$$\left.\begin{aligned}\sigma &= E\varepsilon \\ \varepsilon &= \frac{\Delta l}{l} \\ \sigma &= \frac{S}{A}\end{aligned}\right\} \tag{3.12}$$

其中 σ 为应力，即单位面积所受的力（N/m^2），称为帕（Pa）；ε 为应变，即单位长度的变形，是一种无量纲代数量；S 为杆件的内力（N）；A 为杆件的横截面面积（m^2）；E 为抗拉压弹性模量（N/m^2）。

显然，杆件的内力 S 与应变 ε 存在下列关系：

$$S = AE\varepsilon \tag{3.13}$$

由此可见，只要测量出杆件的实际应变值 ε，即可由上式求出杆件的实际受力 S。为了测量应变值 ε，本实验采用电测法，即利用电阻应变片和与其配套使用的静动态电阻应变仪来测量 ε。

3.6.3 实验仪器设备与测量系统框图

（1）实验仪器设备。

①JLC-1 工程结构内力测试台。测试结构分三种连接形式，两种截面尺寸分别如图 3-14 所示，各构件材料的抗拉压弹性模量 $E=200$ GPa。

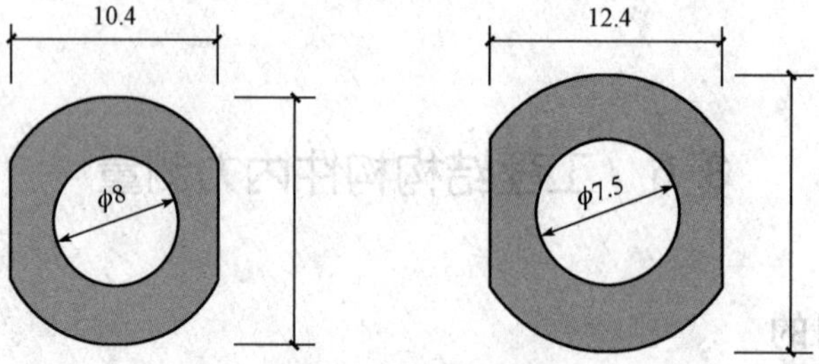

图 3-14 杆件截面尺寸图

②电阻应变片 24 片（已经粘贴于测试结构并涂加防护层），灵敏系数为 2.18。

③CZL-YB-22D 型力传感器 1 台。

④CML-1H 型力 & 应变综合参数测试仪 1 台。

（2）测量系统框图，如图 3-15 所示。

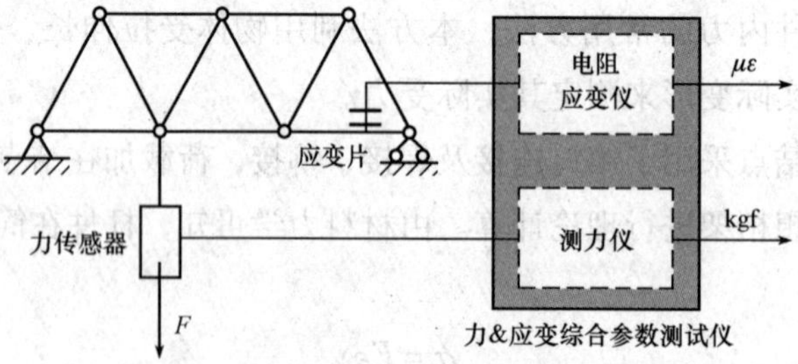

图 3-15 工程结构构件内力测量系统框图

3.6.4 实验步骤

（1）接通电源，将仪器电源开关打开，预热约 20 min。

（2）连接力传感器（将力传感器信号线的插头缺口与仪器插座上的凸键位置对准后，再轻轻推动连接，严禁旋转）。

（3）标定力传感器。

（4）设定应变片 K 值。

（5）连接测量电桥。

①分别将待测杆件同一截面沿轴向的两应变片依次接入接线端子“A”和“B”（注意同一应变片的两条输出线必须分别接入同一电桥的接线端子“A”和“B”上）。

②将温度补偿应变片的两条输出线分别接入“公共补偿”的接线端子“D1”“A”上（注意同一补偿应变片的两条输出线必须分别接入同一电桥的接线端子“D1”“A”上）。

（6）电桥平衡。确认螺旋加载器的负荷为零，然后分别进行“应力清零”“应变清零”操作。

（7）测量。

①缓慢顺时针方向旋转加载器手轮，加载 140 kgf，依次做详细记录。

②卸载，重复“应力清零”“应变清零”操作，再加载 280 kgf，依次做详细记录。

（8）卸载关机。

（9）换一种不同连接形式的试验台，重复上述步骤（1）~（8）。

3.6.5　实验报告

实验报告应包括以下内容：

（1）实验内容、实验日期。

（2）实验设备、仪器的名称、型号。

（3）实验框图。

（4）实验记录曲线及数据处理表格。

（5）实验结果的分析与讨论，结合理论结果与实验条件的误差分析。

3.7　往复机械位移、速度、加速度的测量

在机械故障诊断、机械动力分析、动力优化设计、冲击的研究、计算机辅助设计等许多场合，常常需要知道运动部件上某点的位移、瞬时速度、瞬时加速度以及速度和加速度的变化规律。工程实际中，由于突加荷载、摩擦等多种因素的影响，往往难以进行准确的数值计算。在这种情况下，实验是确定速度和加速度的有效方法。

3.7.1　实验目的

（1）测量往复式压缩机活塞往复运动的位移、速度、加速度及其变化规律。

（2）了解并掌握工程中常用的压电式传感器的特性与测量方法。

（3）整理实验报告。

3.7.2 实验原理

设活塞做往复直线运动的加速度为

$$a(t) = A\cos(\omega t + \varphi) \tag{3.14}$$

则速度可以用加速度的积分形式表示为

$$v(t) = \int a(t)\,\mathrm{d}t = \frac{A}{\omega}\cos(\omega t + \varphi_1) + C \tag{3.15}$$

位移可用振动速度的积分形式表示为

$$x(t) = \int v(t)\,\mathrm{d}t = \frac{A}{\omega^2}\cos(\omega t + \varphi_2) + C \tag{3.16}$$

3.7.3 实验仪器设备与测量系统框图

（1）实验仪器设备。

①DH1307 型动态力学测试教学系统。

②DLC-1 型工程机械动态力学测试台，主体是一台小型的往复式空气压缩机，该机的活塞行程为 40 mm。

③BZ1107 型压电式加速度传感器 1 台。

④E6B2-CWZ6C 型光栅编码器 1 台。

（2）测量系统框图如图 3-16 所示。

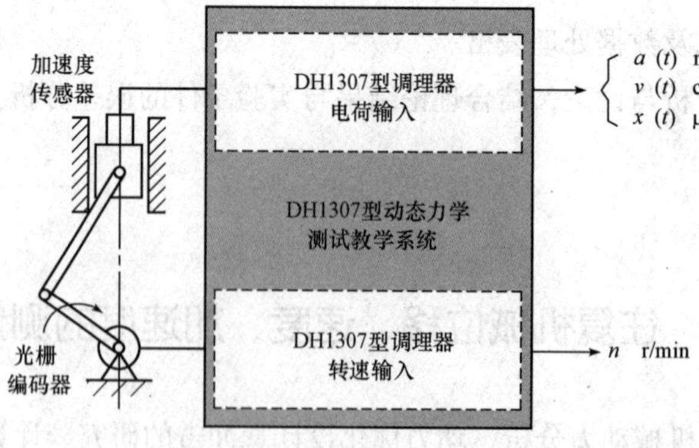

图 3-16 工程往复机械加速度、速度、位移测量框图

3.7.4 实验步骤

（1）将 BZ1107 型加速度传感器用螺栓（一字口向上）旋紧在与压缩机活塞固连的传感器安装座上，将信号线一端拧紧于传感器，另一端拧紧在 DH1307 型调理器后面板上的“电荷输入”接口。

（2）将光栅编码器安装于磁性表座上，将其主轴高度调整到与带动压缩机的电动机主轴高度相一致，再通过柔性联轴器将两者连接。注意使两轴线尽量对中。将编码器的输出信号连线接到 DH1307 型调理器后面板上的“转速输入”接口上。

（3）按下 DH1307 型调理器前面板上的仪器电源开关，接通系统电源。

（4）启动计算机，并双击桌面上的图标 DHDAS1307。

（5）采样参数设置。

（6）信号通道设定。

（7）建立显示窗口。

（8）清零。

（9）转速显示。

（10）测试。

3.7.5　实验报告

实验报告应包括以下内容：

（1）实验内容、实验日期。

（2）实验设备、仪器的名称、型号。

（3）实验框图。

（4）实验记录曲线及数据处理表格，实验结果的分析与讨论，结合理论结果与实验条件的误差分析。

3.8　旋转机械轴承座附加动反力的测量

在工程旋转机械的故障诊断中，相当重视对于轴承座附加动反力的监测。该力的变化在一定程度上反映了轴的振动、偏心及轴承的运行工况。因此，本实验对工程实际具有相当重要的意义。

3.8.1　实验目的

（1）测量旋转机械轴承座动反力。

（2）了解并掌握用压电式力传感器测量动态力的一般方法。

（3）整理实验报告。

3.8.2　实验原理

转子在静平衡时，由于转子的重力所引起的轴承反力称为静反力，显然，静反力的大小与方向都不随时间而变。由于安装、制造或材料本身的不均匀等因素，不可避免造成转子或多或少存在着偏心，于是，在转子运转过程中，将产生大小与角速度 ω 的平方成正比、方向随时间在 360°内连续变化的惯性力。由于惯性力所引起的轴承反力，通常被称为附加动反力。显然，附加动反力的大小与方向都将随时间而变。

如图 3-17 所示，双盘转子两盘质量均为 m，偏心对称分布，偏心距均为 e，各段轴长均为 l，以 ω 匀角速转动，则两盘的惯性力分别为

$$F_g = me\omega^2 \tag{3.17}$$

由达朗伯原理求得轴承座 A、B 的附加动反力分别为

$$F'_A = F'_B = \frac{1}{3}me\omega^2 \tag{3.18}$$

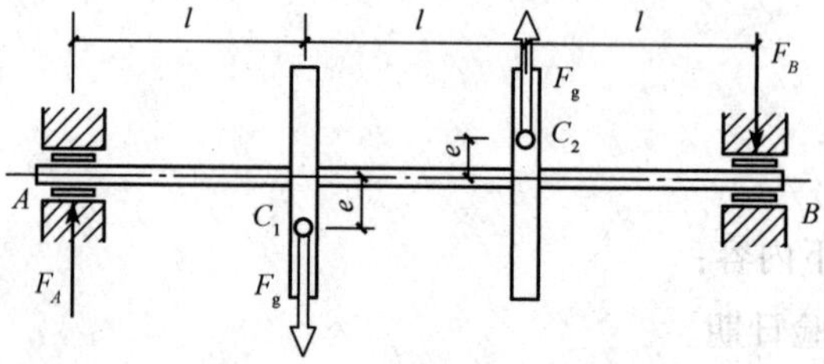

图 3-17　轴承座的附加动反力

3.8.3　实验仪器设备与测量系统框图

（1）实验仪器设备。

①DH1307 型动态力学测试教学系统。

②DLC-1 型工程机械动态力学测试台，主体为一台小型的双盘转子。

③BZ1107 型压电式力传感器 1 台。

④E6B2-CWZ6C 型光栅编码器 1 台。

（2）测量系统框图，如图 3-18 所示。

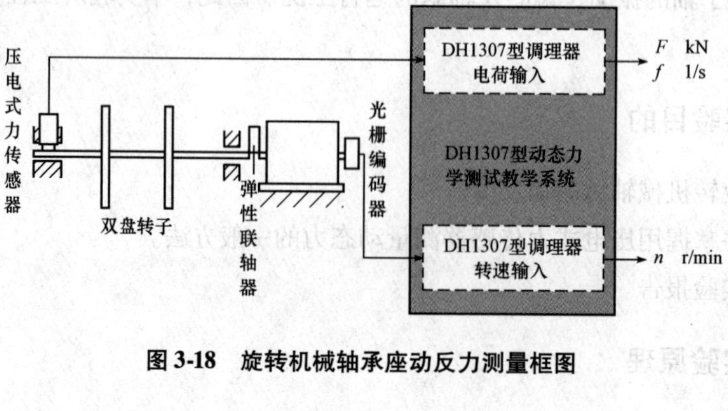

图 3-18　旋转机械轴承座动反力测量框图

3.8.4　实验步骤

（1）将 BZ1107 型力传感器通过传感器上的螺栓旋紧在轴承座一侧的可调螺钉的端头上，将信号线一端拧紧于传感器，另一端拧紧在 DH1307 型调理器后面板上的“电荷输入”接口。

（2）将光栅编码器安装于磁性表座上，将其主轴高度调整到与带动双盘转子的电机主轴高度相一致，再通过柔性联轴器将两者连接。注意使两轴线尽量对中。将编码器的输出信号连线接到 DH1307 型调理器后面板上的“转速输入”接口。

（3）按下 DH1307 型调理器前面板上的仪器电源开关，接通系统电源。

（4）启动计算机，并双击桌面上的 DHDAS1307 图标。

（5）采样参数设置。

（6）信号通道设定。

（7）建立显示窗口。

（8）清零。

（9）转速显示。

（10）测试。

①电动机参数设定。

②电动机启动：开始—升速。

③采样：文件名—保存。

④停止采样—记录实验数据。

为了判定转子的原有偏心情况，可在相同转速的情况下，通过在盘的统一半径上的不同位置处增加相同的偏心质量进行测量，视测量结果的变化进行判定。

3.8.5　实验报告

实验报告应包括以下内容：

（1）实验内容、实验日期。

（2）实验设备、仪器的名称、型号。

（3）实验框图。

（4）实验记录曲线及数据处理表格，实验结果的分析与讨论，结合理论结果与实验条件的误差分析。

第4章

材料力学实验

4.1 金属材料的拉伸实验

受拉构件是工程中最常见的承载形式，因此，拉伸实验是检验材料力学性能最基本的实验。

任何一种材料受力后都要产生变形，这种变形一般表现为弹性变形和塑性变形。大多数材料变形到一定程度就会发生断裂破坏。材料在受力为零到最大受力过程中所呈现的变形和破坏，真实地反映了材料抵抗外力的全过程，拉伸实验即在应力状态为单向、温度恒定且应变速率符合静载加载要求的情况下进行，它所得到的材料性能数据对于设计和选材、新材料研制、材料采购与验收、产品质量控制、设备安全评估等方面都有重要的应用价值和参考价值。

由于多数金属材料的拉伸曲线特性介于低碳钢与铸铁之间，因此本实验以低碳钢和铸铁材料制成的标准试样为研究对象。

4.1.1 实验目的

（1）测定低碳钢的屈服极限 σ_s、强度极限 σ_b、延伸率 δ 和截面（断面）收缩率 ψ。

（2）测定铸铁的抗拉强度 σ_b。

（3）观察、比较塑性材料和脆性材料在拉伸过程中的各种物理现象（包括弹性、屈服、强化和颈缩、断裂等现象）。

（4）学习、掌握电子万能试验机和相关仪器的使用方法。

4.1.2 实验材料、实验仪器和实验试件

1. 实验材料

拉伸实验的金属材料是低碳钢和铸铁。

2. 实验仪器

（1）电子万能试验机。

（2）游标卡尺。

（3）电子式引伸计。

3. 实验试件

试件的尺寸和形状对实验结果会有所影响。为了避免这种影响，便于各种材料机械性质的相互比较，国家对试件的尺寸和形状有统一规定《金属材料拉伸试验第 1 小部分：室温试验方法》（GB/T 228.1—2010）。本实验的试件采用国家标准所规定的常用的圆形横截面比例试件，直径尺寸 $d=10$ mm，实验段长度（标距）$l_0=100$ mm（图 4-1）。

4.1.3 实验原理

1. 低碳钢的实验原理

低碳钢是指含碳量在 0.3% 以下的碳素钢，这类钢材在工程中使用较广，在拉伸实验中表现出的力学性能也最为典型。本次实验主要测定它的屈服极限 σ_s、强度极限 σ_b、延伸率 δ 和断面收缩率 ψ 等力学性能指标。这些力学性能指标，是由拉伸破坏实验来确定的，可以用材料的拉伸图来描述。实验后，利用所记录的实验数据，绘制出完整的低碳钢拉伸图曲线（图 4-2）。

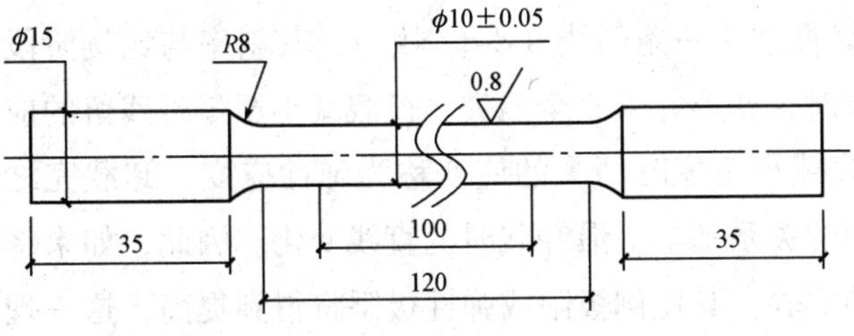

图 4-1 拉伸实验试件

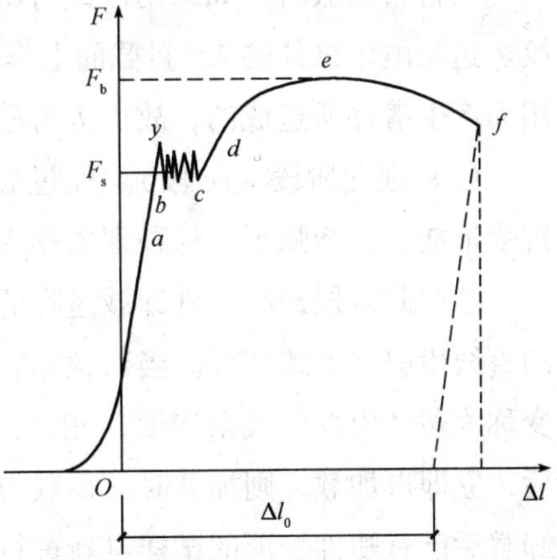

图 4-2 低碳钢拉伸曲线图

在拉伸实验前，先测定低碳钢试件的直径 d_0 和标距 l_0。实验时，首先将试件安装在试验机的上、下夹头内。然后开动试验机，缓慢加载，同时记录下各个实验阶段的荷载 F 和相应的拉伸变形量 Δl，随着荷载的逐渐增大，材料呈现出不同的力学性能：

（1）弹性阶段（Ob 段）。在拉伸的初始阶段，F-Δl 曲线（Oa 段）为一直线，说明荷载与变形成正比，即满足胡克定律，此阶段称为线性阶段。线性阶段的最高点称为材料的比例极限（σ_p），线性阶段的直线斜率即材料的弹性模量 E。

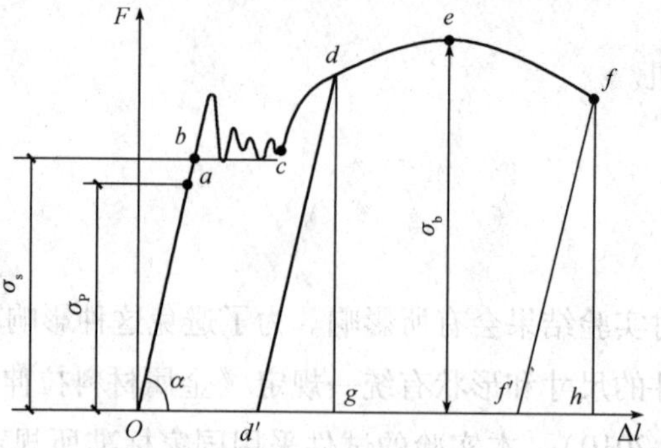

图 4-3　低碳钢拉伸 F-Δl 曲线

在线性阶段后，*F*-Δ*l* 曲线（*ab* 段），荷载与变形不再成正比，但若在整个弹性阶段卸载，*F*-Δ*l* 曲线会沿原曲线返回，荷载卸载到零时，变形也完全消失。卸载后变形能完全消失的应力最大点称为材料的弹性极限（σ_e），一般对于钢等许多材料，其弹性极限与比例极限非常接近。

（2）屈服阶段（*bc* 段）。过了弹性阶段后，荷载变化很小，只是在某一小范围内上下波动，而变形急剧增长，这种现象就称为屈服。使材料发生屈服的应力称为屈服应力或屈服极限（σ_s），一般取下屈服值作为屈服极限。

当材料屈服时，如果用砂纸将试件表面打磨，会发现试件表面呈现出与轴线成 45°的斜纹。这是由于试件的 45°斜截面上作用有最大切应力，这些斜纹是由于材料沿最大切应力作用而产生滑移所造成的，故称为滑移线。

（3）强化阶段（*ce* 段）。经过屈服阶段后，*F*-Δ*l* 曲线呈现出上升趋势，这说明材料的抗变形能力又增强了，这种现象称为应变硬化。

若在此阶段卸载，则卸载过程的 *F*-Δ*l* 曲线为一条斜线（*d*-*d'*斜线），其斜率与比例阶段的直线段斜率大致相等。当荷载卸载到零时，变形并未完全消失，荷载减小至零时残留的应变称为塑性应变或残余应变，相应的荷载减小至零时消失的应变称为弹性应变。卸载完之后，立即再加载，则加载时的荷载与变形的关系基本上沿卸载时的直线变化。因此，如果将卸载后已有塑性变形的试样重新进行拉伸实验，其比例极限或弹性极限将得到提高，这一现象称为冷作硬化。

在强化阶段 *F*-Δ*l* 曲线存在一个最高点，该最高点对应的应力称为材料的强度极限（σ_b），强度极限所对应的荷载为试件所能承受的最大荷载 F_b。

（4）颈缩阶段（*ef* 段）。试样拉伸达到强度极限 σ_b 之前，在标距范围内的变形是均匀的。当应力增大至强度极限 σ_b 之后，试样出现局部显著收缩，这一现象称为颈缩。颈缩现象出现后，使试件继续变形所需荷载减小，故 *F*-Δ*l* 曲线呈现下降趋势，直至最后在 *f* 点断裂。试样的断裂位置处于颈缩处，断口形状呈杯状，这说明引起试样破坏的原因不仅有拉应力，还有切应力。

2. 实验中需要注意的问题

(1) 拉伸曲线图中拉伸变形 Δl 是整个试件的伸长（不仅是标距部分的伸长），并且包括机器本身弹性变形和试件头部在夹板中的滑动等。

(2) 在弹性阶段，理论上的拉伸曲线应是一段直线，因试件开始受力时，头部在夹板中的滑动很大，所以绘出的拉伸曲线图最初一段是曲线。

(3) 在屈服阶段，拉伸曲线（b-c）呈水平方向变动，常成锯齿状，由于上屈服点受变形速度和试件形状等影响较大，而下屈服点 b 则比较稳定，故工程上均以下屈服点 b 点所对应的荷载作为材料屈服时的荷载 F_s，屈服极限按下式计算：

$$\sigma_s = \frac{F_s}{A_0} \ (\text{MPa}) \tag{4.1}$$

式中 A_0——试样的初始横截面面积。

(4) 在强化阶段，当试件所受拉力达到最大荷载 F_b 之前，在标距范围内的变形是均匀的，拉伸曲线是一段平缓上升的曲线，在这段曲线的最高点 e，拉力达到最大荷载 F_b，按下式计算强度极限：

$$\sigma_b = \frac{F_b}{A_0} \ (\text{MPa}) \tag{4.2}$$

(5) 在局部收缩阶段，当拉力达到最大荷载 F_b 后，试件开始局部伸长和颈缩。在颈缩发生部位，其横截面面积迅速缩小，继续拉伸，所需的荷载也迅速减小，拉伸曲线从 e 点开始下降，直至 f 点试件断裂。此时通过测量试件断裂后的长度 l_1 和断口处的直径 d_1，由公式

$$\delta = \frac{l_1 - l_0}{l_0} \times 100\% \text{和} \psi = \frac{A_0 - A_1}{A_0} \times 100\% \tag{4.3}$$

即可算出延伸率 δ 和截面收缩率 ψ。

式中 l_0——试件初始标距长度；

l_1——试件拉断后，重新将断口对紧后所量得的标距端点间的长度；

A_1——颈缩处横截面面积。

在测量 l_1 时，要注意这样一种情况：即断口在标距中间1/3范围内，则可以直接测量两端标距间距离为 l_1，如断口不在标距范围的中间1/3以内，这时，由于在断裂试件的较短一段上，必将受到试件较粗部分的影响，而降低颈缩部分的局部伸长量，从而使 δ 的数值偏大，此时直接测量的结果不能正确反映材料的延伸率，因此，需要采用“断口移中法”推算出标距 l_1，具体方法是：设两标点 f、f_1 之间共有10格，断口 g 点靠近左段，如图4-4所示，取左边标点 f 至断口间的格数的两倍为 n' 格（应取为整数）的 h 点，量得 fh 段的长度为 l'，再自 h 向右取格数 n'' 至 i 点，使得 $n' + 2n'' = 10$ 格，然后量出 hi 的长度为 l''，即可算出断裂后的标距 $l_1 = l' + 2l''$。

若断口靠近试件两端，而其与头部距离或小于直径的两倍，则实验结果无效，需重做。

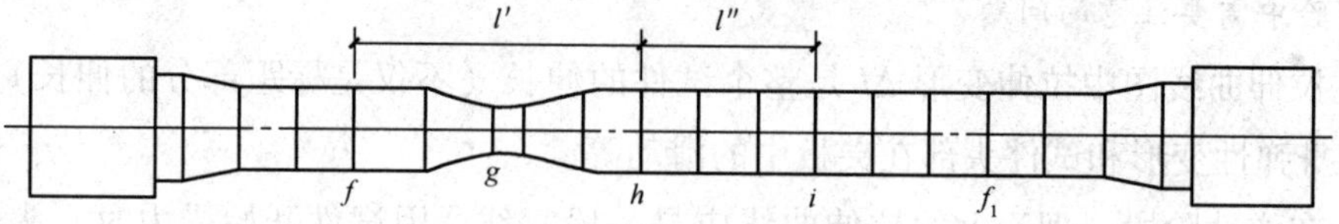

图 4-4　断口移中图

3. 铸铁的实验原理

铸铁是含碳量大于 2.11% 并含有较多硅、锰、硫、磷等元素的多元铁基合金。铸铁具有许多优良的性能及生产简便、成本低等优点，因而是应用最广泛的材料之一。其拉伸实验方法与低碳钢的拉伸实验相同，但是铸铁在拉伸时的力学性能明显不同于低碳钢，其 F-Δl 曲线如图 4-5 所示。铸铁从开始受力直至断裂，变形始终很小，既不存在屈服阶段，也无颈缩现象。断口垂直于试样轴线，这说明引起试样破坏的原因是最大拉应力。

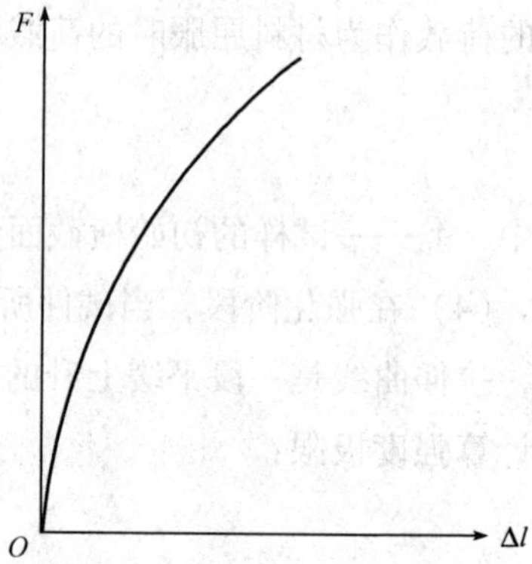

图 4-5　铸铁拉伸 F-Δl 曲线

4.1.4　实验步骤

（1）试件准备。为便于观察变形沿轴向的分布情况，将试件打上标距点，在标距范围内每隔 10 mm 刻上分格线，将标距分成 10 格。

在标距 l_0 内，用游标卡尺分别测量试件两端及中部三个横截面的直径，每处在相互垂直的两个方向各测一次，取平均值为该处直径，以三处测量结果中的最小值为 d_0，计算试件的横截面面积 A_0，A_0 取三位有效数字，填入实验原始记录表 4-1、表 4-2。

表 4-1　低碳钢试件原始尺寸记录表

标距 l_0 /mm	直径/mm									最小横截面面积 A_0/mm²
	横截面 1			横截面 2			横截面 3			
	1	2	平均	1	2	平均	1	2	平均	

表 4-2　铸铁试件原始尺寸记录表

标距 l_0 /mm	直径/mm									最小横截面面积 A_0/mm²
	横截面 1			横截面 2			横截面 3			
	1	2	平均	1	2	平均	1	2	平均	

（2）开机。打开计算机及电子万能试验机主机电源开关，打开软件。

（3）实验条件输入与选择。实验条件包括试样参数、报告数据、测试条件、设置选项等内容，应根据实验如实填写。需要注意的是：

在试样参数栏中，每批数量设置不能超过 20 个；轴向引伸计标距栏无须输入，因为 50 mm 是本实验使用的电子引伸计的标距。

在测试条件栏中，测试过程控制的每一阶段的控制方式、切换条件必须根据材料的特性正确选择，否则会造成实验失败，对不了解材料特性的初次实验者，可以只选择第一阶段，并进行位移控制，速率不宜太大；拉伸实验目的是通过材料破坏实验测定其性能，故实验结束控制选择破坏条件，其数值最好为 50% ~70%，否则有可能造成测试无效或试件没破坏而测试结束；本实验为金属实验，实验结束后下工作台必须选择停止，否则会破坏材料的断后状态。

在设置选项栏中，负荷传感器选择“通道 1”；引伸计选择“位移”，实验数据选择“中”，根据实验要求和目的，本实验需要提供的数据为最大力、上屈服力、下屈服力。

（4）实验编号。六位数（年级、班级、学号各两位数）。

（5）安装试件。以试件两端头至少 2/3 长度被夹具夹紧为宜。夹好上夹头，软件负荷调零，再夹下夹头。

（6）开始测试。单击“开始测试”按钮，实验开始。

（7）打印实验数据和拉伸曲线图。实验结束，存储数据并打印实验数据和拉伸曲线图。

（8）取下试件。将试件取下，观察、比较试件的破坏断口形状，分析破坏原因。

（9）工具复原，经指导教师检查后关伺服驱动器和油泵，关软件，关试验机电源。

（10）测量数据。将断裂低碳钢试件的两端对齐并尽量挤紧，用游标卡尺测量断裂后标距长度 l_1。测量两端断口的直径，应在每端断口处两个互垂方向各测一次，计算其平均值，取其中最小者计算 A_1，测量结果记录在数据表 4-3 中。

表 4-3　低碳钢实验数据记录表

屈服荷载 /kN	最大荷载 /kN	拉断后标距 l_1/mm	断口处直径/mm						断口处横截面面积 A_1/mm^2
			1	2	平均	3	4	平均	

（11）实验数据计算。根据实验过程中记录的数据，按公式计算出实验结果并将结果填入记录表 4-4、表 4-5。

表 4-4　低碳钢计算结果记录表

强度指标/MPa		塑性指标/%	
σ_s	σ_b	δ	ψ

表 4-5　铸铁计算结果记录表

强度指标	最大荷载/kN	
	抗拉强度 σ_b/MPa	

4.1.5 实验数据处理

实验测试数据的误差是不可避免的。在对实测数据进行计算时应取适当的有效数字位数，位数太多没有实际意义，位数太少将损失精度。根据国家标准 GB/T 228.1—2010，有关数据修约如下：

（1）试件原始横截面积的计算值应修约到三位有效数字。

（2）比例试件原始标距的计算值，短比例试件应修约到最接近 5 mm 的倍数，长比例试件应修约到最接近 10 mm 的倍数。如为中间值则向较大一方修约。

（3）试件原始标距应精确到标称标距的 ±0.5%。

（4）材料性能修约数据见表 4-6。

表 4-6 部分材料性能修约数据表

测试项目	范围	修约值
σ_p，σ_t，σ_r，σ_s，σ_{su}，σ_{sl}，σ_b	≤200 MPa	1 MPa
	200～1 000 MPa	5 MPa
	>1 000 MPa	10 MPa
δ	≤10%	0.5%
	>10%	1.0%
ψ	≤25%	0.5%
	>25%	1.0%

4.1.6 实验注意事项

（1）实验时，必须严格遵守电子万能试验机的操作规程。

（2）为避免损伤试验机的卡板与夹具，同时防止铸铁试样脆断飞出伤及操作者，应注意在装卡试样时，横梁移动速度要慢，使试样缓慢插入夹具的 V 形卡板，不要顶撞卡板顶部，试样夹持端不要装卡过长，以免顶撞夹具内部装配卡板用的平台。

（3）装夹、拆卸引伸计时，要注意插好定位销钉；实验时要注意拔出定位销钉，以免损坏引伸计。

（4）注意试样的材料，切勿将低碳钢与铸铁混淆。

4.1.7 思考题

（1）从实验现象和实验结果对比来看，低碳钢和铸铁的力学性能有何不同。

（2）比较低碳钢拉伸、铸铁拉伸的断口形状，两者破坏的力学原因有哪些？

（3）由拉伸实验所确定的材料力学性能数据有何实用价值？

（4）为什么拉伸实验必须采用标准试样或比例试样？材料和直径相同而长短不同的试样，它们的延伸率是否相同？

4.2 金属材料的压缩实验

4.2.1 实验目的

（1）比较低碳钢和铸铁压缩变形和破坏现象。

（2）测定低碳钢的屈服极限 σ_s 和铸铁的强度极限 σ_b。

（3）比较铸铁在拉伸和压缩两种受力形式下的机械性能，分析其破坏原因。

（4）熟悉电子万能试验机的使用方法。

4.2.2 实验材料、实验设备和实验试件

1. 实验材料

压缩实验的材料是低碳钢（Q235）和铸铁（HT200）。

2. 实验设备

（1）WDW-100C 型微机控制电子万能试验机。

（2）游标卡尺。

3. 实验试件

根据国家有关标准，金属材料实验的压缩试件一般为短圆柱形，如图 4-6 所示，其高度 h 与 d 之比一般为 $1<\frac{h}{d}<3$，若小于 1，则摩擦力的影响太大；若大于 3，虽然摩擦力的影响减小，但稳定性的影响增加。试件的 h/d 对实验影响较大，不同 h/d 的试件实验结果不能进行比较，本实验采用 $\frac{h}{d}=1.5$。低碳钢和铸铁试件均为直径 $\phi10$ mm 的圆柱体。

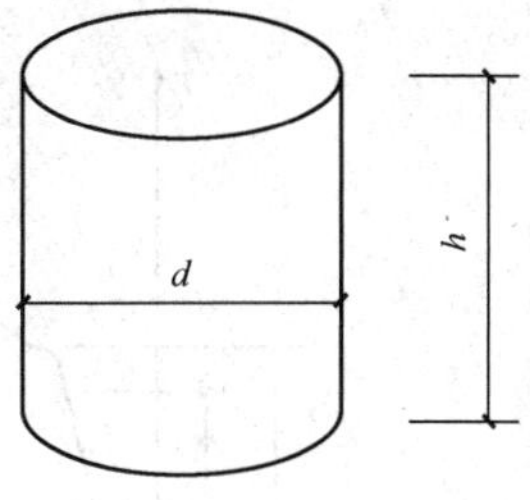

图 4-6　压缩实验试件

4.2.3 实验原理及方法

压缩实验是研究材料性能常用的实验方法，对铸铁、铸造合金、建筑材料等脆性材料尤为合适。通过压缩实验观察材料的变形过程、破坏形式，并与拉伸实验进行比较，可以分析不同应力状态对材料强度、塑性的影响，从而对材料的机械性能有比较全面的认识。

压缩实验在电子万能试验机上进行。当试件受压时，其上下两端面与试验机支承之间产生很大的摩擦力，使试件两端的横向变形受到阻碍，故压缩后试件呈鼓形。摩擦力的存在会影响试件的抗压能力甚至破坏形式，为了尽量减少摩擦力的影响，实验时试件两端必须保证平行，并与轴线垂直，使试件受轴向压力，另外，端面加工应有较低的表面粗糙度。

低碳钢试样压缩时同样存在弹性极限、比例极限、屈服极限而且数值和拉伸所得的相应

数值差不多，但是在屈服时却不像拉伸那样明显，需细心观察，材料在发生屈服时对应的荷载为屈服负荷 P_s。随着缓慢均匀加载，低碳钢受压变形增大而不破裂，越压越扁。横截面增大时，其实际应力不随外荷载增加而增加，故不可能得到抗压负荷 P_b，因此也得不到强度极限 σ_b，所以在实验中是以变形来控制加载的。

低碳钢和铸铁的压缩图（P-Δl 曲线）如图 4-7、图 4-8 所示，超过屈服之后，低碳钢试样由原来的圆柱形逐渐被压成鼓形，如图 4-9 所示。继续不断加压，试样将越压越扁，横截面面积不断增大，试样抗压能力也不断增大，故总不被破坏。所以，低碳钢不具有抗压强度极限（也可将它的抗压强度极限理解为无限大），低碳钢的压缩曲线也可证实这一点。灰铸铁在拉伸时是属于塑性很差的一种脆性材料，但在受压时，试件在达到最大荷载 P_b 前将会产生较大的塑性变形，最后被压成鼓形而断裂。

灰铸铁试样的断裂有两特点：一是断口为斜断口，如图 4-10 所示。二是按 P_b/A_0 求得的 σ_b 远比拉伸时为高，是拉伸的 3～4 倍。为什么像铸铁这种脆性材料的抗拉与抗压能力相差这么大呢？这主要与材料本身情况（内因）和受力状态（外因）有关。铸铁试件压缩时，在达到抗压负荷 P_b 前出现较明显的变形然后破裂，铸铁试件最后会略呈鼓形，断口的方位角为 55°～60°，断裂面与试件轴线大约成 45°。铸铁压缩后沿斜截面断裂，其主要原因是由剪应力引起的。假使测量铸铁受压试样斜断口倾角 α，则可发现它略大于 45°而不是最大剪应力所在截面，这是因为试样两端存在摩擦力造成的。

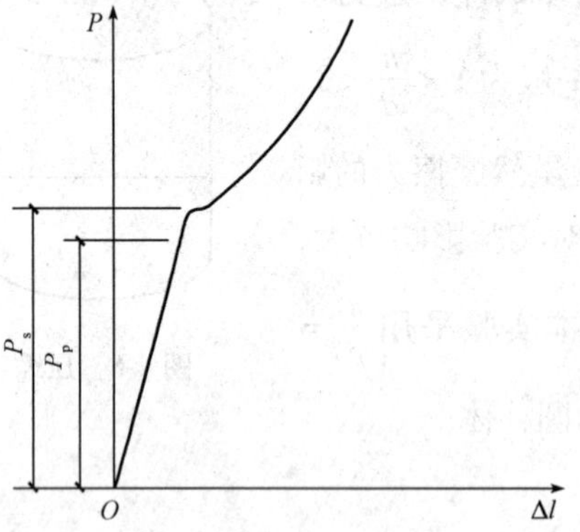

图 4-7　低碳钢压缩曲线

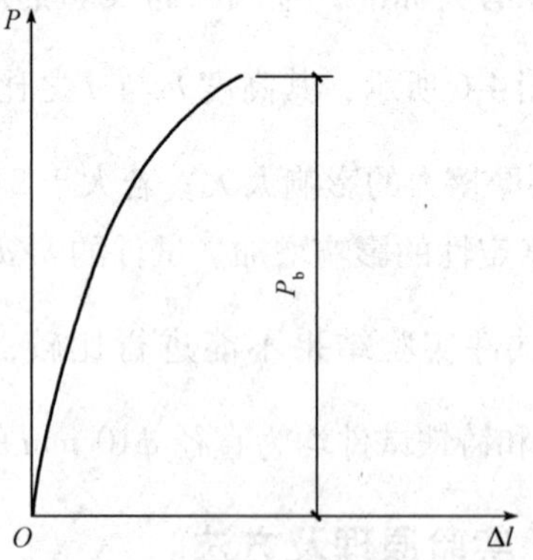

图 4-8　铸铁压缩曲线

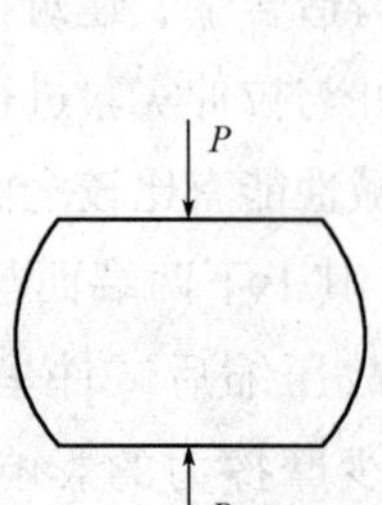

图 4-9　低碳钢压缩破坏图

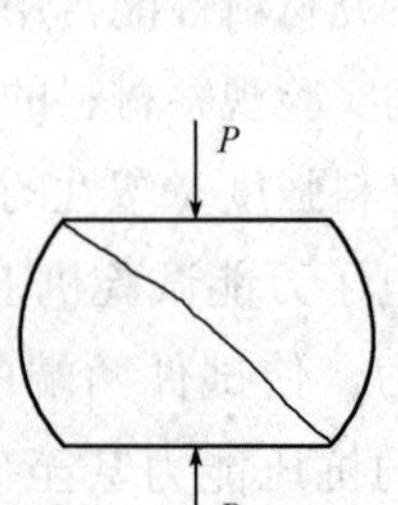

图 4-10　铸铁压缩破坏图

4.2.4　实验步骤

（1）试件准备。测量试件的直径和高度。测量试件两端及中部三处的截面直径，每处在相互垂直的两个方向各测量一次，取平均值为该处直径，以三处测量结果中的最小值为 d_0，计算试件的横截面面积 A_0，A_0 取三位有效数字，填入实验记录表 4-7。

表 4-7　试件原始尺寸

<table>
<tr><td rowspan="3">材料</td><td rowspan="3">高度
/mm</td><td colspan="9">直径/mm</td><td rowspan="2">最小横截
面面积 A_0</td></tr>
<tr><td colspan="3">横截面 1</td><td colspan="3">横截面 2</td><td colspan="3">横截面 3</td></tr>
<tr><td>1</td><td>2</td><td>平均</td><td>1</td><td>2</td><td>平均</td><td>1</td><td>2</td><td>平均</td><td>/mm^2</td></tr>
<tr><td>低碳钢</td><td></td><td></td><td></td><td></td><td></td><td></td><td></td><td></td><td></td><td></td><td></td></tr>
<tr><td>铸铁</td><td></td><td></td><td></td><td></td><td></td><td></td><td></td><td></td><td></td><td></td><td></td></tr>
</table>

（2）开机。打开试验机电源及计算机电源，打开实验软件，启动伺服器。

（3）设定试样参数。试样参数包括试样形状、直径、数量等。

（4）填写测试条件。对不了解材料特性的初次实验者，一般只需设定第一阶段：位移控制，速率 0.5 mm/min；破坏条件 60% ~70%；实验结束后下工作台；停止。

（5）设置选项的设定。

①负荷：选择“通道 1”；

②引伸计（x 轴）选择：选“时间”，否则可能显示不出图形，直接导致实验失败；

③实验数据选择“中”，根据实验目的和要求，本实验需要提供的数据为抗压负荷、屈服负荷。

（6）实验编号。六位数（年级、班级、学号各两位数）。

（7）放置试样。将试件放在试验机活动球头压缩夹具中心处。球头压缩夹具具有自动找正的功能。

（8）开始测试。对于低碳钢，只要加载到屈服点就可停止实验，按空格键正常结束。如果要看试件的破坏形式，则需将试件压成明显的鼓形再停止加载。而铸铁试件加压至试件破坏为止。测试过程中注意加载负荷最好不超过 80 kN。

（9）打印实验数据和压缩曲线图。实验结束，保存并输出实验数据、图形。

（10）取试件。取出试件，将试验机恢复原状，观察、比较两种试件的实验结果。

（11）结束工作。工具复原，经指导教师检查后，关伺服器，关软件，关试验机电源。

4.2.5　实验结果的处理

1. 计算低碳钢的屈服极限 σ_s

$$\sigma_s = \frac{P_s}{A_0}\ (\text{MPa}) \tag{4.4}$$

2. 计算铸铁的强度极限 σ_b

$$\sigma_b = \frac{P_b}{A_0} \ (\text{MPa}) \tag{4.5}$$

其中 $A_0 = \frac{1}{4}\pi d_0^2$，$d_0$ 为试件实验前最小直径。

将计算的结果填入记录表 4-8。

表 4-8　实验数据计算结果记录表

材料	屈服负荷/kN	屈服极限/MPa	抗压负荷/kN	强度极限/MPa	破坏形式简图
低碳钢			/	/	
铸铁	/	/			

4.2.6　实验注意事项

（1）为保证实验顺利进行，实验时要保证正确的实验条件，严禁随意改动计算机的软件配置。

（2）为使试样轴向受压，应尽量把试样放在上、下承压座的中心线上；如果放偏，对实验结果甚至是试验机都有影响。为避免试验机受损，活动平台不要升得过高；实验时，试样上下应加垫块。

（3）小心调节横梁。当横梁接近时要用慢上慢下按键调节，以免速度过快，不小心顶坏力传感器。特别小心手不要放在压盘中间，以免造成事故。

（4）加载速度要均匀缓慢，特别是当试样即将与上承压板接触时，活动平台移动速度一定要减慢，做到自然平稳地接触。否则，容易发生突然加载或超载，使实验失败。

（5）铸铁压缩实验加载前要设置好试验机的有机玻璃防护罩，以免金属碎屑飞出发生危险。进行实验时，不要靠近试样观看。试样压坏时，应及时卸载，以免压碎。

4.2.7　思考题

（1）为何低碳钢压缩测不出破坏荷载，而铸铁压缩测不出屈服荷载?

（2）根据铸铁试件的压缩破坏形式分析，其破坏原因与拉伸有何不同?

（3）通过拉伸与压缩实验比较，低碳钢的屈服极限在拉伸和压缩时有何差别?

（4）通过拉伸与压缩实验比较，铸铁的强度极限在拉伸和压缩时有何差别?

4.3　金属材料的扭转实验

4.3.1　实验目的

（1）测定低碳钢的剪切屈服极限 τ_s，低碳钢和铸铁的剪切强度极限 τ_b。

（2）观察低碳钢和铸铁试件扭转时的破坏过程，分析它们在不同受力时力学性能的差异。

（3）了解扭转试验机的操作规程。

4.3.2　实验材料、实验仪器和实验试件

1. 实验材料

扭转实验的金属材料是低碳钢和铸铁。

2. 实验仪器

（1）微机控制扭转试验机。

（2）游标卡尺。

3. 实验试件

根据国家材料性能实验的有关标准和实验设备要求，本实验试件的形状尺寸如图 4-11 所示。

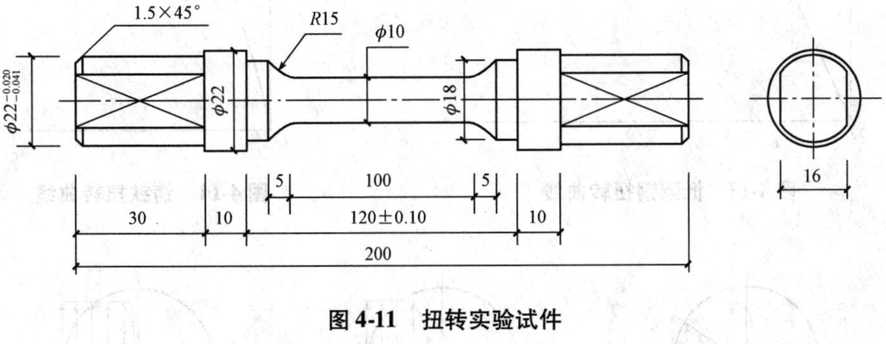

图 4-11　扭转实验试件

4.3.3　实验原理及方法

工程中经常遇到承受扭转作用的构件，特别是很多传动零件都在扭转条件下工作。测定扭转条件下材料的力学性能，对受扭构件在设计计算和选材方面有着重要的实际意义。

圆柱形试件在纯扭转时，试件表面应力状态如图 4-12 所示，其最大剪应力和正应力绝对值相等，其夹角为 45°，因此扭转实验可以明显地区分材料的断裂方式——拉断或剪断。如果材料的抗剪强度低于抗拉强度，破坏形式为剪断，断口应与其轴线垂直；如果材料的抗

拉强度小于抗剪强度，破坏原因为拉应力，破坏面应是沿45°的方向。

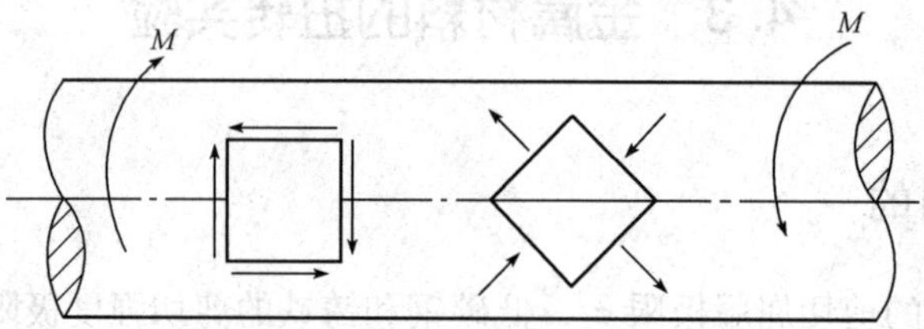

图 4-12 圆轴扭转时的表面应力

材料的扭转过程可用 M-φ 曲线来描述。M 为施加扭矩，φ 为试样的相对扭转角。图4-13、图4-14所示为两种典型材料（低碳钢和铸铁）的扭转曲线。低碳钢扭转曲线的直线部分为弹性阶段，此时截面上的剪应力为线性分布，最大剪应力发生在横截面周边处，圆心处剪应力为零，如图4-15（a）所示。低碳钢扭转时有明显的屈服阶段，但与拉伸实验相比，它的屈服过程是由表面至圆心逐渐进行的，如图4-15（b）所示。当横截面全部屈服后，试样才全面进入塑性，扭转曲线图上出现屈服平台，这时，横截面上的剪应力不再呈线性分布，可以认为这时整个圆截面皆为塑性区，如图4-15（c）所示，低碳钢试件扭转达到屈服极限。

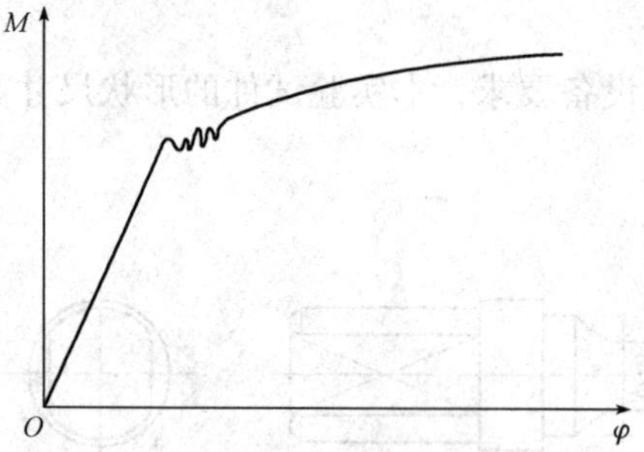

图 4-13 低碳钢扭转曲线

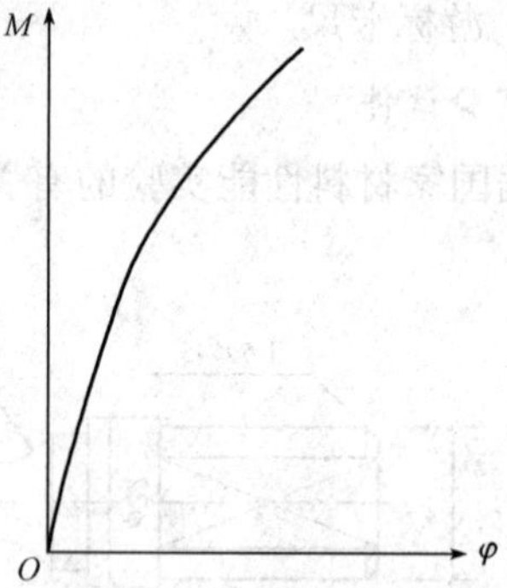

图 4-14 铸铁扭转曲线

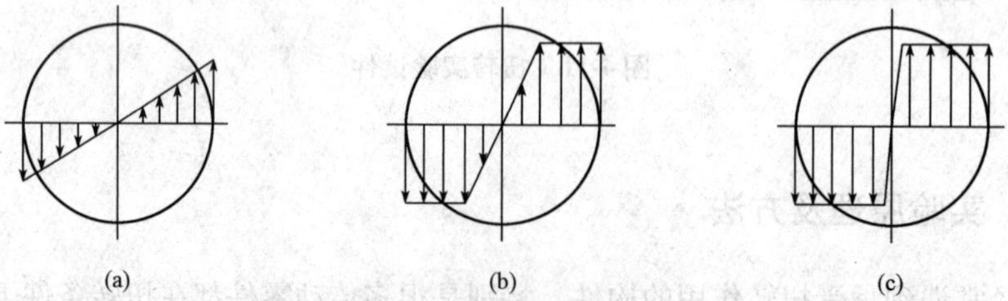

图 4-15 剪应力分布图

（a）弹性阶段；（b）屈服阶段；（c）塑性阶段

过了屈服阶段后，材料的强化使其抗扭的能力又有缓慢的上升，但变形非常明显，在试样安装后画的纵向直线逐渐变成螺旋线，扭矩继续增加，直至破坏。破坏时的扭矩即最大扭

矩 M_b，低碳钢试件扭转达到抗扭强度极限。

铸铁的扭转曲线较明显地偏离直线，形成一条曲线，其扭转过程没有明显的屈服过程，扭矩继续增加至破坏时，铸铁试件的扭转达到抗扭强度极限。

4.3.4 实验步骤

（1）测量试件直径。量取三个截面，每个截面测量两个互相垂直的方向取平均值，用三处截面中平均值最小者为试件直径，将测量结果填入表 4-9。

表 4-9　扭转试件原始尺寸

材料	直径/mm									最小横截面直径 d/mm
	横截面 1			横截面 2			横截面 3			
	1	2	平均	1	2	平均	1	2	平均	
低碳钢										
铸铁										

（2）开机。打开扭转机电源，打开计算机电源，打开实验软件。

（3）参数设定。

①转速。在实验教学中，一般设定低碳钢 0.3 r/min，铸铁 0.1 r/min。

②坐标选择。本实验要求测定低碳钢的剪切屈服极限 τ_s，低碳钢和铸铁的剪切强度极限 τ_b，执行“扭力”→“大转角曲线”命令。

（4）条件设定。

①试样条件。包括直径、数量、形状等。

②环境条件。

（5）测试条件。屈服后最大速度和屈服后变速步长的设定应符合要求，即屈服后最大速度不能超过 1 r/min 和屈服后变速步长设置为 0.01 ~ 0.05 r/s；破坏条件数值最好为 60 ~ 90，超出此范围，有可能造成本次测试无效或者没有断裂而测试结束。故设计参数可以为屈服后最大速度 1 r/min，屈服后变速步长 0.03 r/s，破坏条件 60%，实验结束后十字头停止。

（6）实验数据选项。根据实验要求，给定的数据为屈服强度和抗扭强度。

（7）安装试件。可按操作面板上的“正转”“反转”“快速”“慢速”按钮调整夹头方向来对正装夹试件。夹持试样前，扭矩清零，夹好试样后，扭转角度清零。用油性笔在试件表面上画一条纵直线，以便观察试件的变形。

（8）开始测试。对于低碳钢试样，首先缓慢均匀加载，直到屈服后改用快速加载直至破坏。对于铸铁试样，由于其变形较小，必须缓慢均匀加载直至破坏。试样破坏后立即停机（前面参数设置中已设定好）。

（9）实验结束后保存并打印实验数据和图形。

（10）观察试件。观察断口形状及塑性变形情况。

（11）实验完毕，工具复原，经指导教师检查后，试验机复位，关软件，关闭电源。

（12）完成实验数据报表4-10的填写。

表4-10 实验数据报表

材料	屈服强度/MPa	抗扭强度/MPa	破坏断口形状简图	破坏原因
低碳钢				
铸铁	/			

4.3.5 实验注意事项

（1）推动试验机移动支座时，切忌用力过大，以免损坏试样或传感器。

（2）进入软件前请确定试验机电源已打开。

（3）退出软件前请确定试验机电源已关闭。

4.3.6 思考题

（1）安装试件时，试件的纵轴线与试验机夹头的轴线是否要重合？为什么？

（2）低碳钢拉伸和扭转的断裂方式是否一样？破坏原因是否相同？

（3）铸铁在压缩和扭转时，断口外缘都与轴线成45°，其破坏原因是什么？

4.4 金属材料的剪切实验

4.4.1 实验目的

（1）测定低碳钢的剪切强度极限 τ_b，观察试样破坏情况。

（2）熟悉电子万能试验机的使用方法。

4.4.2 实验材料、实验仪器和实验试件

1. 实验材料

压缩实验的材料是低碳钢（Q235）。

2. 实验仪器

（1）WDW-100 C型微机控制电子万能试验机。

（2）游标卡尺。

3. 实验试件

实验试件为长度100 mm、直径 ϕ5 mm的圆柱体。

4. 4. 3　实验原理及方法

对于以剪断为主要破坏形式的零件，进行强度计算时，应用了受剪面上工作剪应力均匀分布的假设，并且除剪切外，不考虑其他变形形式的影响。这当然不符合实际情况。为了尽量降低此种理论与实际不符的影响，做了如下规定：这类零件材料的抗剪强度，必须在与零件受力条件相同的情况下进行测定。此种实验，叫作直接剪切实验。

安装时将圆柱形试样插入剪切夹具，用万能试验机对剪切夹具施加荷载 P，随着荷载 P 的增加，受剪面处的材料经过弹性、屈服等阶段，最后沿受剪面发生剪切断裂。

取出剪断了的三段试样，可以观察到两种现象。一种现象是这三段试样略带些弯曲，如图 4-16 所示。它表明：尽管试样是剪断的，但试样承受的作用不是单纯的剪切，而是既有剪切也有弯曲，不过以剪切为主。另一种现象是断口明显地区分为两部分：平滑光亮部分与纤维状部分。断口的平滑光亮部分，是在屈服过程中形成的。在这个过程中，受剪面两侧的材料有较大的相对滑移却没有分离，滑移出来的部分与剪切器是密合接触的，因而磨成了光亮面。断口的纤维部分，是在剪切断裂发生的瞬间形成的。在此瞬间，由于受剪面两侧的材料又有较大的相对滑移，未分离的截面面积已缩减到不能再继续承担外力，于是产生了突然性的剪断裂。剪断裂是滑移型断裂，纤维状断口正是这种断裂的特征。

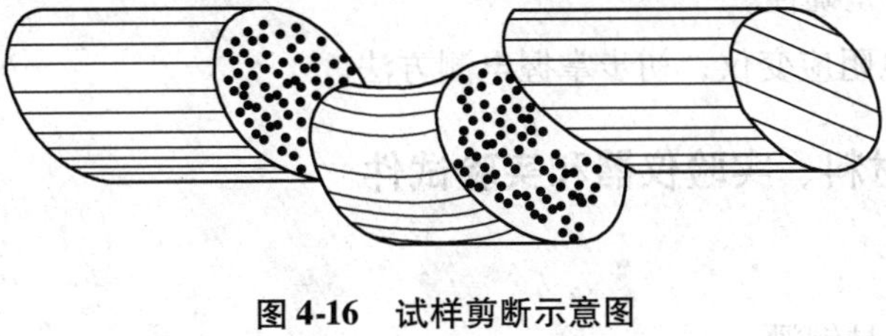

图 4-16　试样剪断示意图

4. 4. 4　实验步骤

（1）试件准备。测量试样截面尺寸。测量部位应在受剪面附近。测量误差应不大于 1%。这就是说，如果试样的公称直径为 10 mm，量具的最小读数即精度不大于 10 × 1% = 0. 1（mm），填入实验记录。

（2）开机。开试验机电源及计算机电源，打开实验软件，启动伺服器。

（3）设定试样参数。试样参数包括形状、直径、数量等。

（4）填写测试条件。包括设定实验方案、实验参数。

（5）设置选项的设定。本实验提供的数据为抗剪负荷。

（6）实验编号。六位数（年级、班级、学号各两位数）。

（7）安装剪切夹具及试样。

（8）开始测试。单击“开始测试”按钮，观看实验过程。

（9）打印实验数据。实验结束，保存并输出实验数据、图形。

（10）取试件。取出试件，观察试件破坏形状。

（11）工具复原，经指导教师检查后，关伺服器，关软件，关试验机电源，填写实验报告。

（12）根据数据记录，计算试件的抗剪强度。

4.4.5 思考题

（1）比较低碳钢 Q235 的 τ_b 和 σ_b。

（2）观察低碳钢试件剪切切口，分析破坏原因并比较：低碳钢拉伸破坏断口与剪切破坏断口有何不同？

4.5 纯弯曲梁的正应力测试

4.5.1 实验目的

（1）用电测法测定纯弯曲梁横截面上正应力的分布，并与理论值进行比较，以验证弯曲正应力计算公式的正确性。

（2）学会使用电阻应变仪，初步掌握电测方法。

4.5.2 实验材料、实验仪器和实验试件

1. 实验材料

弯曲实验的材料是钢梁。

2. 实验仪器

（1）纯弯曲梁弯曲装置一套。

（2）静态电阻应变仪。

（3）游标卡尺。

3. 实验试件

本实验所使用的试件为钢梁，其高度和宽度均为 σ_3，其弹性模量为 $E = 206 \times 10^9$ Pa = 206 GPa。

4.5.3 实验原理及方法

1. 实验装置的设置

钢梁放置在两个支座上，支座间的距离为 $L = 620$ mm，在距离两支座 $a = 150$ mm 处各作用一个集中力（图 4-17）。

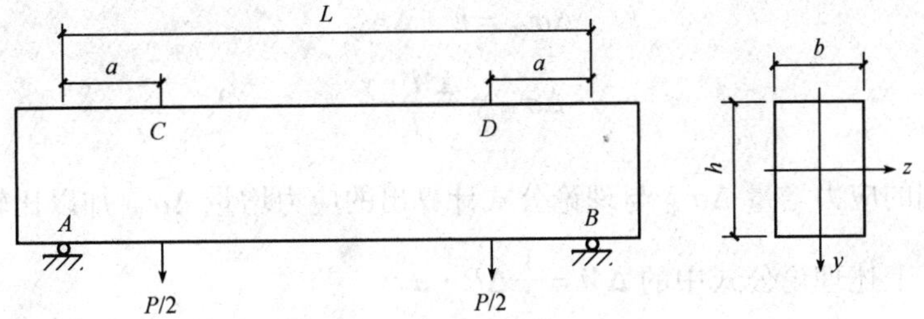

图 4-17　实验装置受力示意图

由于在纯弯曲梁段的横截面上只有正应力没有剪应力，为了测量纯弯曲梁横截面上的正应力的大小，以及沿梁的横截面高度上正应力的分布规律，在纯弯曲梁段的横截面上，沿高度均匀布置了 5 个测点进行测试。在每个测点上沿平行于梁的轴线方向上，各粘贴了一个电阻应变片。应变片的粘贴位置如图 4-18 所示。这样就可以测量出试件上下边缘、中性层及其他中间点的正应力，以便于了解正应力沿纯弯曲梁横截面高度上的变化规律。

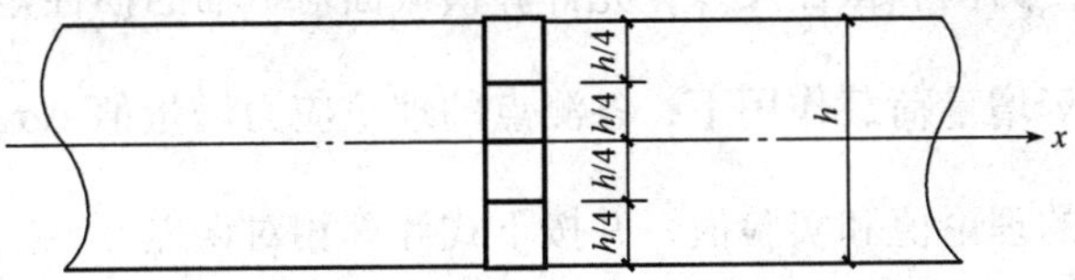

图 4-18　应变片位置示意图

2. 测试原理

实验在材料的弹性范围内进行，两处作用了两个集中荷载，在这两个集中荷载作用点之间，梁发生了纯弯曲变形。由于各个测点上的电阻应变片紧密地粘贴在梁上，当梁在拉力或压力的作用下发生伸长或缩短的变形时，电阻应变片的长度也会同时发生伸长或缩短的变形，其电阻值就会发生变化，通过静态电阻应变仪就可以将其阻值的变化量转换成应变，这样就很方便地测量出测点位置的线性应变 $\varepsilon_{实}$，然后可根据胡克定律算出各测点的实测应力值 $\sigma_{实}$。

由材料力学可知，矩形截面梁受纯弯时的正应力公式为

$$\sigma_{理} = \frac{M \cdot y}{I_z} \tag{4.6}$$

式中　M——梁承受的弯矩；

y——应力点到中性轴的距离；

I_z——横截面对 z 轴的惯性矩$\left(I_z = \frac{bh^3}{12}\right)$。

本实验采用逐级等量加载的方法进行加载，每次增加等量的荷载 ΔP，测定各点相应的应变增量一次，分别取应变增量的平均值$\Delta\overline{\varepsilon}_{实}$，求出各点应力增量的平均值$\Delta\overline{\sigma}_{实}$。

$$\Delta\overline{\sigma}_{实} = E \cdot \Delta\overline{\varepsilon}_{实} \tag{4.7}$$

$$\Delta\overline{\sigma}_{理} = \frac{\Delta M \cdot y}{I_z} \tag{4.8}$$

把测量得到的应力增量 $\Delta\overline{\sigma}_{实}$ 与理论公式计算出的应力增量 $\Delta\overline{\sigma}_{理}$ 加以比较，从而可验证公式的正确性，上述理论公式中的 $\Delta M = \frac{1}{2}\Delta P \cdot a$。

考虑到应变仪与应变片灵敏系数不同，按下式对应变增量的平均值 $\Delta\overline{\varepsilon}_{测}$ 进行修正得到实际的应变增量平均值 $\Delta\overline{\varepsilon}_{实}$。

$$\Delta\overline{\varepsilon}_{实} = \frac{K_{仪}}{K_{片}}\Delta\overline{\varepsilon}_{测} = \frac{2.0}{2.16}\Delta\overline{\varepsilon}_{测} \tag{4.9}$$

式中　$K_{仪}$、$K_{片}$——电阻应变仪和电阻应变片的灵敏系数。

根据各测点应变增量的平均值 $\Delta\overline{\varepsilon}_{实}$，计算测量的应力值 $\Delta\overline{\sigma}_{实} = E\Delta\overline{\varepsilon}_{实}$。

根据实验装置的受力图和截面尺寸，先计算横截面对 z 轴的惯性矩 I_z，再应用弯曲应力的理论公式，计算在等增量荷载作用下，各测点的理论应力增量值 $\Delta\overline{\sigma}_{理} = \frac{\Delta M \cdot y}{I_z}$。

比较各测点应力的理论值和实验值，并按下式计算相对误差

$$e = \frac{\Delta\overline{\sigma}_{理} - \Delta\overline{\sigma}_{实}}{\Delta\overline{\sigma}_{理}} \times 100\% \tag{4.10}$$

在梁的中性层内，因 $\sigma_{理} = 0$，$\Delta\overline{\sigma}_{理} = 0$，故只需计算绝对误差。

将各点 $\Delta\sigma_i$ 值进行比较，可以得出弯曲正应力沿纯弯曲梁横截面上的分布规律为线性分布。

比较梁中性层的应力。由于电阻应变片是测量一个区域内的平均应变，粘贴时又不可能正好贴在中性层上，所以只要实测的应变值是一很小的数值，就可认为测试是可靠的。

4.5.4　实验步骤

（1）打开试验机电源并启动伺服器。

（2）打开计算机、应变仪电源并打开应变仪软件。

（3）试验机显示屏上退出 PC 状态。

（4）在四点弯曲夹具上放好实验横梁。

（5）应变仪调零。

（6）设计加载方案并开始测试。根据实际需要设计加载方案，如设计实验第一级荷载 $P_0 = 0$ kN，最大荷载 $P_{max} = 2.5$ kN，荷载增量 $\Delta P = 0.5$ kN。记录每级荷载下各测点的应变值（包括正负号，负号表示压应变，正号不显示）。直接在试验机主机进行加载操作，注意

用户参数中的移动方式设置为“wheel”。实验开始，旋数字微调旋钮控制速度，到了预定荷载马上停止加载，单击应变仪“开始”按钮，读数并将数据记录到表 4-11。注意在测量过程中尽量避免连接导线的晃动。

表 4-11　实验数据记录

荷载/kN		测点的应变读数/$\mu\varepsilon$									
P	ΔP	1		2		3		4		5	
应变增量平均值 $\Delta\bar{\varepsilon}_{测}$											

（7）实验结束后，将荷载卸为零，取下横梁，注意不要把应变片压在台面上。

（8）工具复原，经指导教师检查后关伺服器，关试验机电源，关应变仪软件，关应变仪电源。

（9）根据公式进行计算，将计算结果填入表 4-12。

表 4-12　实验计算结果表

测点编号	1	2	3	4	5
应变修正值 $\Delta\bar{\varepsilon}_{实}\left(=\dfrac{2.0}{2.16}\Delta\bar{\varepsilon}_{测}\right)$					
应力实验值 $\Delta\bar{\sigma}_{实}$（$=E\cdot\Delta\bar{\varepsilon}_{实}$）/MPa					
应力理论值 $\Delta\bar{\sigma}_{理}\left(=\dfrac{\Delta M\cdot y}{I_z}\right)$/MPa					
误差 $e\left(=\dfrac{\Delta\bar{\sigma}_{理}-\Delta\bar{\sigma}_{实}}{\Delta\bar{\sigma}_{理}}\times 100\%\right)$					

（10）比较梁中性层的应力。由于电阻应变片是测量一个区域内的平均应变，粘贴时又不可能正好贴在中性层上，所以只要实测的应变值是一很小的数值，就可认为测试是可靠的。

4.5.5　实验注意事项

（1）本实验为非破坏性实验，注意不要损坏试件。

（2）应遵守电阻应变仪的操作规程，参阅电阻应变仪的介绍。

4.5.6 思考题

（1）影响实验结果准确性的主要因素是什么？

（2）在中性层上理论计算应变值 $\varepsilon_{理}=0$，而有时实际测量 $\varepsilon_{s}\neq 0$，这是为什么？

4.6 剪切弹性模量 G 的测定

4.6.1 实验目的

（1）在剪切比例极限内，验证剪切胡克定律。

（2）测定低碳钢的剪切弹性模量 G。

（3）了解测 G 试验台的操作规程。

4.6.2 实验材料、实验仪器和实验试件

1. 实验材料

剪切弹性模量 G 的测定用的材料是低碳钢。

2. 实验仪器

（1）测 G 试验台。

（2）游标卡尺和钢卷尺。

3. 实验试件

本实验的试件：圆截面试样，直径 $d=(10\pm 0.01)$ mm，标距 $l=220$ mm，表臂 130 mm，力臂 200 mm。砝码 5 个，每个重 $\Delta F=4.9$ N，$E=206$ GPa，$\mu=0.28$。

4.6.3 实验原理及方法

在弹性范围内进行圆截面试样扭转实验时，扭矩 T 与扭转角 φ 之间的关系符合扭转变形的胡克定律 $\varphi=\dfrac{Tl}{GI_{p}}$，式中，$I_{p}=\dfrac{\pi d^{4}}{32}$，为截面的极惯性矩。当试样长度 l 和极惯性矩 I_{p} 均为已知时，只要测得扭矩增量 ΔT 和相应的扭转角增量 $\Delta\varphi$，可由式（4.11）计算得到材料的切变模量 G。

$$G=\frac{\Delta Tl}{\Delta\varphi I_{p}} \tag{4.11}$$

式中 $\Delta T=\Delta P\cdot R$，R——力臂长度。

实验通常采用多级等增量加载法，这样不仅可以避免人为读数产生的误差，而且可以通过每次荷载增量和扭转角增量验证扭转变形胡克定律。

如图 4-19 所示，试样受扭后，加力杆绕试样轴线转动，使右端产生铅垂位移 B

（单位为 mm），该位移由安装在 B 端的百分表测量。当铅垂位移很小时，加力杆的转动角（试样扭转角）$\Delta\varphi$ 也很小，应有 $\Delta\varphi \approx \tan(\Delta\varphi) = B/a$，式中 a 为百分表触头到式样端面圆心的距离（表臂），加力杆的转角 $\Delta\varphi$ 即圆截面试样两端面的相对扭转角 $\Delta\varphi$（单位为弧度）。

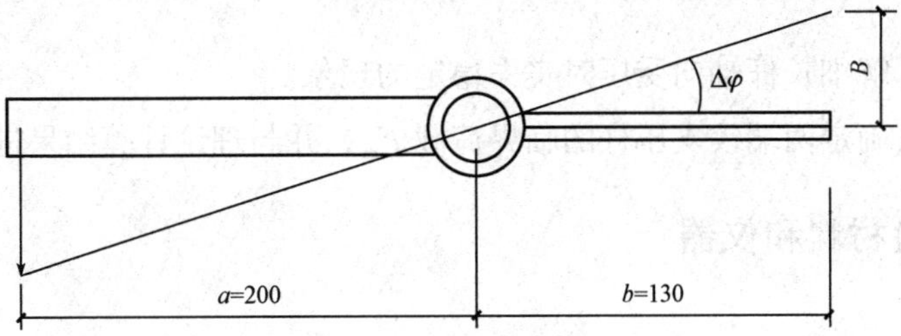

图 4-19　测 G 试验台原理图

4.6.4　实验步骤

（1）测量试件直径。量取三个截面，每个截面测量两个互相垂直的方向取平均值，以三处截面中平均值最小者为试件直径，测量结果填入表 4-13。

表 4-13　试件原始尺寸

直径/mm									最小横截面直径 d/mm
横截面 1			横截面 2			横截面 3			
1	2	平均	1	2	平均	1	2	平均	

（2）开始测试。

（3）实验结束后保存并打印实验数据和图形，进行数据分析和计算。

（4）取下试件，放回原处。

（5）实验完毕，工具复原，经指导教师检查后，试验机复原，关闭电源。

4.6.5　实验注意事项

（1）百分表顶杆应垂直于挡板，且要预压足够的行程。

（2）加载要稳定，不得带冲击。

（3）待荷载、百分表指针稳定后开始读数。

4.6.6　思考题

（1）影响实验结果准确性的主要因素是什么？

（2）实验过程中应注意什么？

4.7 压杆稳定实验

4.7.1 实验目的

（1）观察和了解细长杆轴向受压时丧失稳定的现象。

（2）用电测法确定两端铰支压杆的临界荷载 F_{cr}，并与理论计算结果进行比较。

4.7.2 实验材料和仪器

（1）低碳钢。

（2）BDCL 型多功能试验台。

（3）压杆试样。

（4）CML-1H 系列应力-应变综合测试仪。

（5）游标卡尺和钢卷尺。

4.7.3 实验原理及方法

根据欧拉小挠度理论，对于两端铰支的大柔度杆（低碳钢 $\lambda \geqslant \lambda_p = 100$），压杆保持平衡时最大的荷载、保持曲线平衡时最小的荷载，即临界荷载 F_{cr}，按照欧拉公式可得

$$F_{cr} = \frac{\pi^2 EI}{(\mu l)^2} \tag{4.12}$$

式中 E——材料的弹性模量（GPa）；

I——试样截面的最小惯性矩，绕 z 轴的惯性矩 $I_z = \dfrac{bh^3}{12}$（cm^4）；

l——压杆长度（m）；

μ——和压杆端点支座情况有关的系数（$\mu = 1$）。

压杆的受力图如图 4-20（a）所示。当压杆所受的荷载 F 小于试样的临界力，压杆在理论上应保持直线形状，处于稳定平衡状态；当 $F = F_{cr}$时，压杆处于稳定与不稳定平衡之间的临界状态，稍有干扰，压杆即失稳而弯曲，其挠度迅速增加。若以荷载 F 为纵坐标，压杆中点挠度 δ 为横坐标，按欧拉小挠度理论绘出的 F-δ 图形即折线 OAB，如图 4-20（b）所示。

由于试样可能有初曲率、荷载可能有微小偏心以及材料的不均匀等因素，压杆在受力后就会发生弯曲，其中点 A 挠度 δ 随荷载的增加而逐渐增大。当 $F \ll F_{cr}$时，δ 增加缓慢；当 F 接近 F_{cr}时，虽然 F 增加很慢，δ 却迅速增大，例如曲线 $OA'B'$。曲线 $OA'B'$与折线 OAB 的偏离，就是由初曲率荷载偏心等影响造成的，此影响越大，则偏离越大。

若令杆件轴线为 x 坐标轴，杆件下端为坐标轴原点，则在 $x = l/2$ 处横截面上的弯矩和内力如下式所示，即

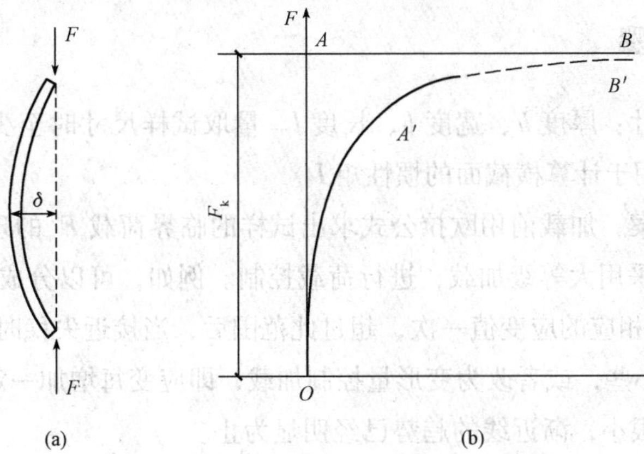

图 4-20 临界力的测量及临界与应变的关系图

（a）压杆受力图；（b）F-δ 图

$$M_{x=\frac{1}{2}}=F\delta,\ N=-F$$

横截面上的应力为

$$\sigma=\frac{F}{A}\pm\frac{M}{I}\cdot y \tag{4.13}$$

如图 4-21 所示，在 BDCL 型多功能试验台上测定 F_{cr}时，压杆两端的支座为 V 形槽口，将带有圆弧尖端的压杆装入支座，通过上、下活动的上支座对压杆施加荷载，压杆变形时，两端能自由地绕 V 形槽口转动，即相当于两端简支的情况，在压杆中央两侧各贴一枚应变片 R_1 和 R_2，采用 1/4 桥连接（设温度补偿应变片），假设压杆受力后向右弯曲，以 ε_1、ε_2 分别表示 R_1 和 R_2 的应变值，此时，ε_1 是由轴向压应变与弯曲产生的拉应变之和，ε_2 则是轴向压应变与弯曲产生的压应变之和。当 $F\ll F_{cr}$时，压杆几乎不产生任何弯曲变形，ε_1 和 ε_2 均为轴向压缩产生的压应变，两者相等，当荷载增大时，弯曲应变逐渐增大，ε_1 和 ε_2 的差值越来越大，当荷载接近临界力 F_{cr}时，ε_1 变为拉应变，无论是 ε_1 还是 ε_2，当荷载接近临界力时，均急剧增加，两者均接近同一渐近线，此渐近线即临界荷载 F_{cr}。

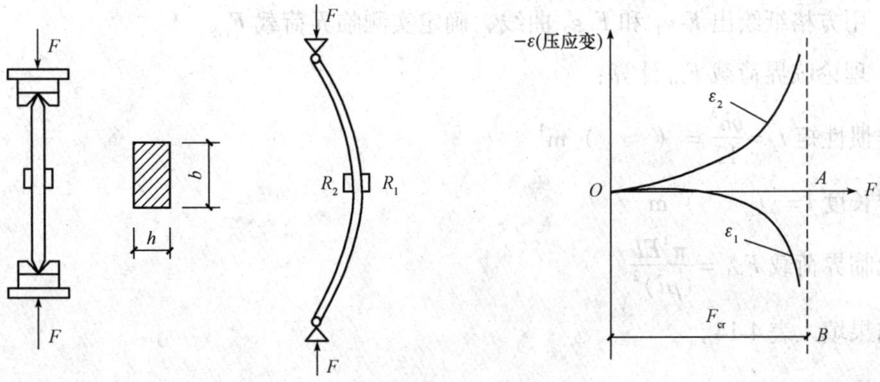

图 4-21 F-ε 曲线的绘制区

4.7.4 实验步骤

(1) 量取试样尺寸：厚度 h、宽度 b、长度 l。量取试样尺寸时至少要沿长度方向量三个截面，取其平均值用于计算横截面的惯性矩 I。

(2) 拟订加载方案，加载前用欧拉公式求出试样的临界荷载 F_{cr} 的理论值，在预估临界力值的 80% 以内，可采用大等级加载，进行荷载控制。例如，可以分成 4 ~ 5 级加载，荷载每增加一个 ΔF，记录相应的应变值一次，超过此范围后，当接近失稳时，变形量快速增加，此时的荷载增量应取小些，或者改为变形量控制加载，即应变每增加一定的数量读取相应的荷载，直到 F 的变化很小，渐近线的趋势已经明显为止。

(3) 根据实验加载方案，安装试样，调整好加载装置。

(4) 将电阻应变片接入 CML-1H 系列应力-应变综合测试仪，按操作规程，调整仪器至“零”位。

(5) 加载分为三个阶段：在达到理论临界荷载之前，由荷载控制，均匀缓慢加载，每增加一级荷载，记录一次两点的应变值 ε_1 和 ε_2；超过理论荷载 F_{cr} 以后，由变形控制，每增加一定的应变量读取相应的荷载值；当应变突然变得很大时，停止加载，记下荷载值，然后按照加载的逆顺序逐级卸掉荷载。仔细观察应变是否降回到顺序加载时的数值，直至试样回弹到初始状态。如此重复实验 2 ~ 3 次。

(6) 测毕，取下试样，关掉仪器电源，整理导线。

(7) 在图 4-21 中根据实验数据绘制 F-ε 曲线，做曲线的渐近线确定临界荷载 F_{cr} 值，与理论值进行比较。

为了保证试样和试样上所粘贴的电阻应变片都不损坏，可以反复使用，故本实验要求试样的弯曲变形不可过大，应变读数控制在 1 500 μm 左右。

加载时，应均匀缓慢，严禁用手随意扰动试样。

4.7.5 实验结果处理

(1) 用方格纸绘出 F-ε_1 和 F-ε_2 曲线，确定实测临界荷载 F_{crS}。

(2) 理论临界荷载 F_{crL} 计算：

试样惯性矩 $I_z = \dfrac{bh^3}{12} = (\qquad)\ \text{m}^4$

试样长度 $l = (\qquad)\ \text{m}$

理论临界荷载 $F_{crL} = \dfrac{\pi^2 EI}{(\mu l)^2}$

将结果填入表 4-14。

表 4-14　实验值与理论值的比较

数值		
实验值 F_{crS}	理论值 F_{crL}	误差百分率（$\lvert F_{crL}-F_{crS}\rvert/F_{crL}$）/%

4.7.6　实验注意事项

（1）保持试验台的稳定，避免振动和用力过猛。

（2）试样弯曲变形不可过大，以防超出比例极限而损坏试样。

（3）因为初始阶段试样保持直线、平衡形式，刚度很大，每级加载量要少，以保证不漏过对于可能出现的超过理论临界力的直线平衡状态的记录。压弯后即可增加每级加载量。

（4）如遇到读数有变动，则记录跳动数字的中间值。

4.7.7　思考题

（1）欧拉公式的适用范围有哪些?

（2）本实验装置与理想情况有哪些不同?

4.8　冲击实验

4.8.1　实验目的

（1）了解金属材料常温一次冲击的实验方法。

（2）测定处于简支梁受载条件下的碳钢和铸铁试样在一次冲击荷载下的冲击韧性 α_{KU}。

（3）观察比较上述两种材料抵抗冲击荷载的能力及破坏断口的特征。

4.8.2　实验材料和仪器

（1）低碳钢和铸铁。

（2）冲击试验机。

（3）游标卡尺。

4.8.3　实验原理及方法

冲击试样的类型和尺寸不同，得出的实验结果不能直接换算和相互比较，GB/T 229—2007 对各种类型和尺寸的冲击试样都做了明确的规定。本次实验采用金属材料夏比（U 形缺口）试样，其尺寸及公差要求如图 4-22 所示。

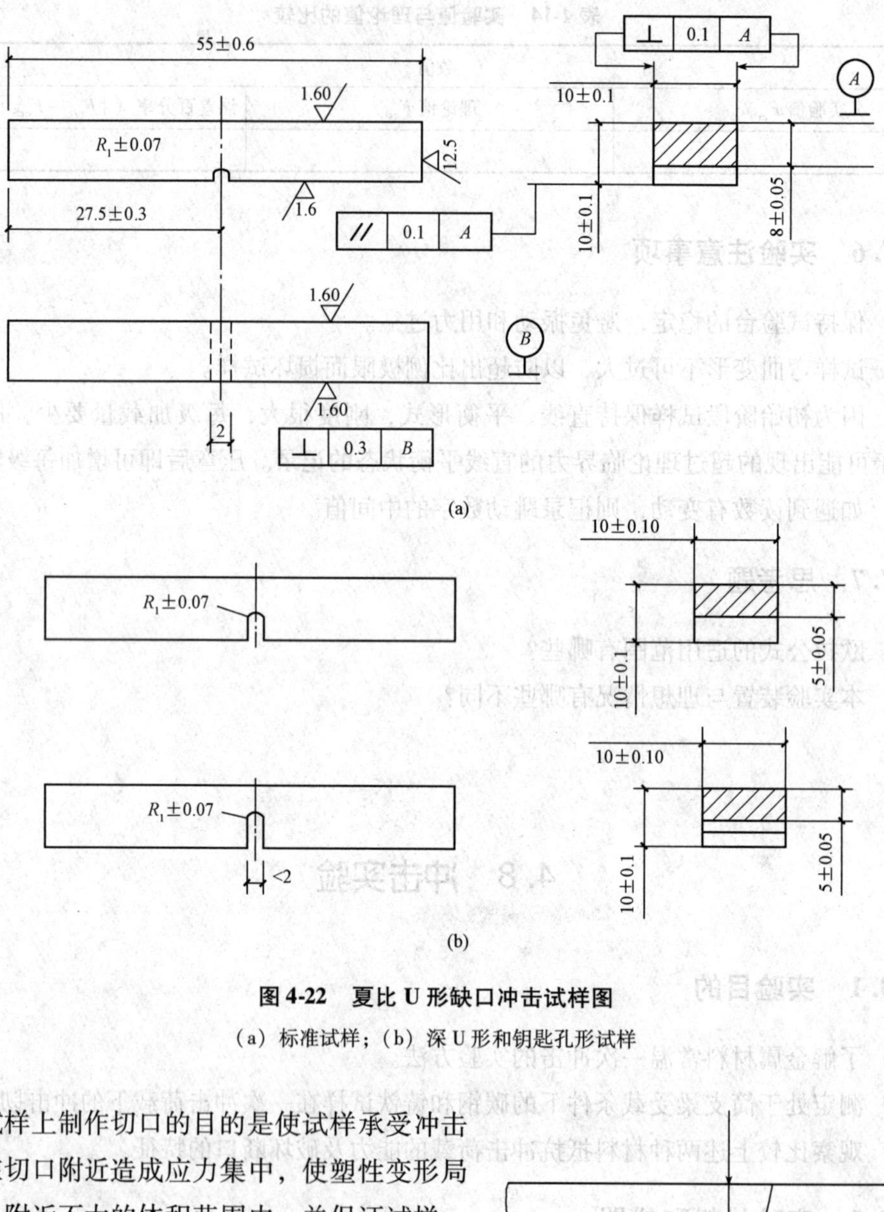

图 4-22　夏比 U 形缺口冲击试样图

（a）标准试样；（b）深 U 形和钥匙孔形试样

在试样上制作切口的目的是使试样承受冲击荷载时在切口附近造成应力集中，使塑性变形局限在切口附近不大的体积范围内，并保证试样一次冲断且使断裂发生在切口处。分析表明，在缺口根部发生应力集中。图 4-23 所示为试样受冲击弯曲时缺口所在截面上的应力分布图，图中缺口根部的 N 点拉应力很大，在缺口根部附近 M 点处，材料处于三向拉应力状态，某些金属在静力拉伸下表现出良好的塑性，但处于三向应力作用下有增加其脆性的倾向，所以塑性材料的缺口试样在冲击荷载作用下，一般都呈现脆性破坏方式（断裂）。

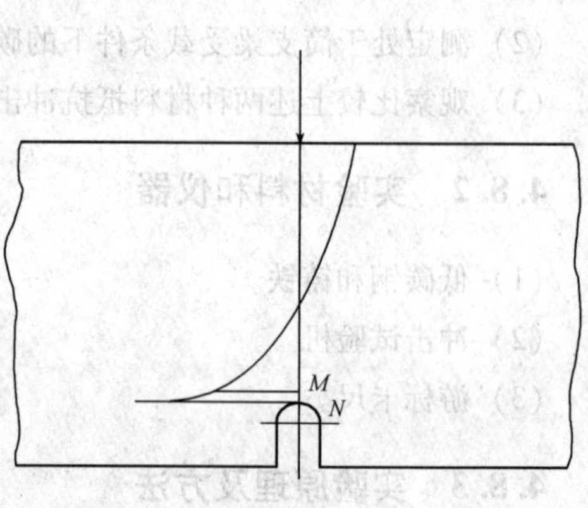

图 4-23　缺口处应力集中现象

实验表明，缺口的形状、试样的绝对尺寸和材料的性质等因素都会影响断口附近参与塑性变形的体积。因此，冲击实验必须在规定的标准下进行，同时缺口的加工也十分重要，应严格控制其形状、尺寸精度及表面粗糙度，确保试样缺口底部光滑，没有与缺口轴线平行的明显划痕。

由于冲击过程是一个相当复杂的瞬态过程，精确测定和计算冲击过程中的冲击力和试样变形是困难的。为了避免研究冲击的复杂过程，研究冲击问题一般采用能量法。能量法只需考虑冲击过程的起始和终止两个状态的动能、位能（包括变形能），由于冲击摆锤与冲击试样两者的质量相差悬殊，冲断试样后所带走的动能可忽略不计，同时可忽略冲击过程中的热能变化和机械振动所耗损的能量，因此，可依据能量守恒定律，认为冲断试样所吸收的冲击功，即冲击摆锤实验前后所处位置的位能之差。还由于冲击时试样材料变脆，材料的屈服极限 σ_s 和强度极限 σ_b 随冲击速度变化，因此工程上不用 σ_s 和 σ_b，而用韧度 α_k 衡量材料的抗冲击能力。

实验时，把试样放在图 4-24 的 B 处，将摆锤举至高度为 H 的 A 处自由落下，摆锤冲断试样后又升至高度为 h 的 C 处，其损失的位能 $A_{ku_2}=G(H-h)$ 通常称为冲击吸收功，式中 G 为摆锤重力，单位为牛顿（N）；A_{ku_2} 为缺口深度为 2 mm 的 U 形试样的冲击吸收功，单位为焦耳（J）。

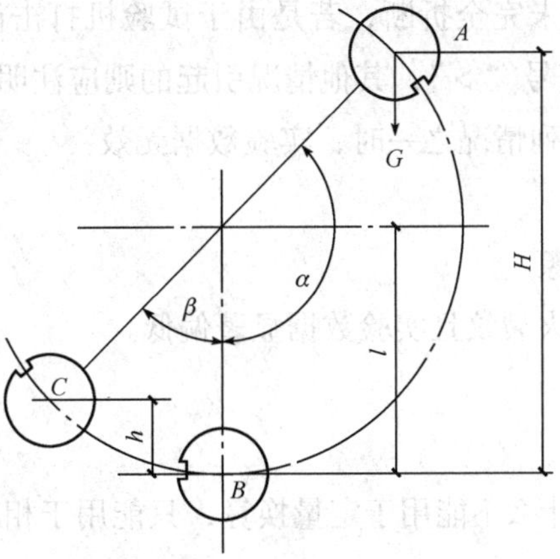

图 4-24　冲击实验原理图

4.8.4　实验步骤

（1）测量试样缺口处的横截面尺寸，其偏差应在规定的范围内。

（2）根据所测试的材料，估计试样冲击吸收功的大小，从而选择合适的冲击摆锤和相应的测试度盘，使试样折断的冲击吸收功在所用摆锤最大能量的 10% ~90% 范围内。

（3）进行空打实验。其方法是使被动指针紧靠主动指针并对准最大打击能量处，然后扬起摆锤空打，检查此时的被动指针是否指零，其偏离不应超过度盘最小分度值的 1/4。否则需进行零点调整。

（4）正确安装试样。将摆锤稍离支座，试样紧贴支座安放，使试样缺口的背面朝向摆锤打击方向，试样缺口对称面应位于两支座间的对称面上，其偏差不应大于 ±0.2 mm。

（5）实验温度一般应控制为 10～35 ℃；对实验温度要求严格时为（23±5）℃。

（6）进行实验。将摆锤举起到高度为 H 处并锁住，然后释放摆锤，冲断试样后，待摆锤扬起到最大高度再回落时，立即使摆锤停住。

（7）记录表盘上所指示的冲击吸收功 A_{KU}，取回试样，观察试样断口的形貌特征。

4.8.5 实验结果处理

（1）计算冲击韧性值 α_{KU}。

$$\alpha_{KU}=\frac{A_{KU}}{S_0}\ (\mathrm{J/cm^2}) \tag{4.14}$$

式中 A_{KU}——U 形缺口试样的冲击吸收功（J）；

S_0——试样缺口处断面面积（cm^2）。

（2）比较分析低碳钢和铸铁两种材料抵抗冲击时所吸收的功，观察破坏断口的形貌特征。

（3）实验时，如果试样未完全折断，若是由于试验机打击能量不足引起的，则应在实验数据 A_{KU} 或 α_{KU} 前加大于符号“>”，其他情况引起的则应注明“未折断”字样。

（4）实验过程中遇到下列情况之一时，实验数据无效：

①错误操作。

②试样折断前有卡锤现象。

③试样断口上有明显淬火裂纹且实验数据显著偏低。

4.8.6 思考题

（1）冲击韧性值 α_{KU} 为什么不能用于定量换算，只能用于相对比较？

（2）冲击试样为什么要开缺口？

（3）为什么冲击实验一般运用能量法？

4.9 偏心拉伸变形实验（拉弯组合变形实验）

4.9.1 实验目的

（1）测定偏心拉伸时的最大正应力，验证叠加原理的正确性。

（2）分别测定偏心拉伸时由于轴力和弯矩所产生的应力。

（3）测定偏心距 e。

（4）测定弹性模量 E。

4.9.2　实验材料和仪器

（1）金属材料。

（2）力 & 应变综合参数测试仪、组合试验台拉伸部件、梅花改刀、游标卡尺、钢板尺等。

4.9.3　实验原理及方法

横截面面积为 A_0 的偏心拉伸试件，如图 4-25 所示，在外荷载作用下，其轴力 $F_N = F_P$，弯矩 $M = F_P \cdot e$，其中 e 为偏心距。现假设弹性模量 E 和偏心距 e 未知，需要实测。根据叠加原理，得横截面上的应力为单向应力状态，其理论计算公式为拉伸应力和弯矩正应力的代数和，即

$$\begin{matrix}\sigma_{max} \\ \sigma_{min}\end{matrix} = \frac{F_P}{A_0} \pm \frac{6M}{bh^2}$$

偏心拉伸试件及应变片的布置方法如图 4-25 所示，R_1 和 R_2 分别为试件两侧的两个对称点，则

$$\varepsilon_1 = \varepsilon_{F_P} + \varepsilon_M \qquad \varepsilon_2 = \varepsilon_{F_P} - \varepsilon_M$$

式中　ε_{F_P}——轴力引起的拉伸应变；

ε_M——弯矩引起的最大应变。

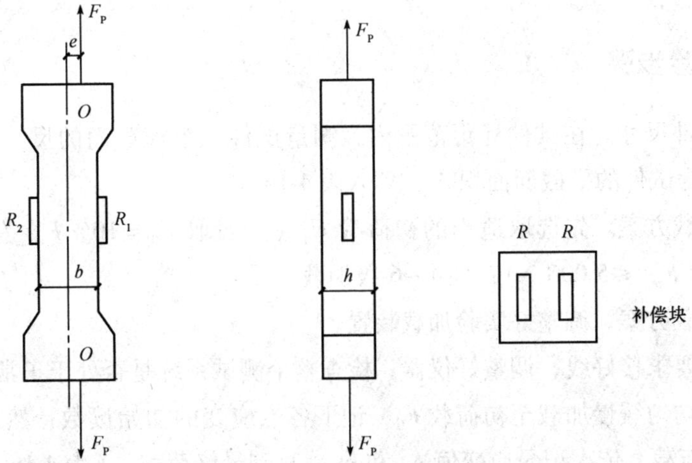

图 4-25　偏心拉伸试件及布片图

根据桥路原理，采用不同的组桥方式，便可分别测出与轴力及弯矩有关的应变值 ε_{F_P} 和 ε_M，则弹性模量 E 和偏心距 e 可按下式求得：

$$E=\frac{\Delta F_{P}}{\varepsilon_{F_P}\cdot A_0},\ e=\frac{hb^2\cdot E\cdot\varepsilon_M}{6\cdot\Delta F_P}$$

最大正应力和由于轴力、弯矩分别产生的应力也可方便求得：

$$\left.\begin{matrix}\sigma_{max}\\ \sigma_{min}\end{matrix}\right.=\sigma_{F_N}\pm\sigma_M,\ \sigma_{F_N}=\frac{F_P}{A_0},\ \sigma_M=\frac{6M}{bh^2}=\frac{6F_P\cdot e}{bh^2}$$

可直接采用半桥单臂方式测出 R_1 和 R_2 受力产生的应变值 ε_1 和 ε_2，然后计算出轴力引起的拉伸应变 ε_{F_P} 和弯矩引起的应变 ε_M；也可采用邻臂桥路接法测出弯矩引起的应变 ε_M，［采用此接桥方式不需温度补偿片，测量精度为 2 倍，接线如图 4-26（a）所示］；采用对臂桥路接法可直接测出轴力引起的应变 ε_{F_P}［采用此接桥方式需加温度补偿片，测量精度为 2 倍，接线如图 4-26（b）所示］。

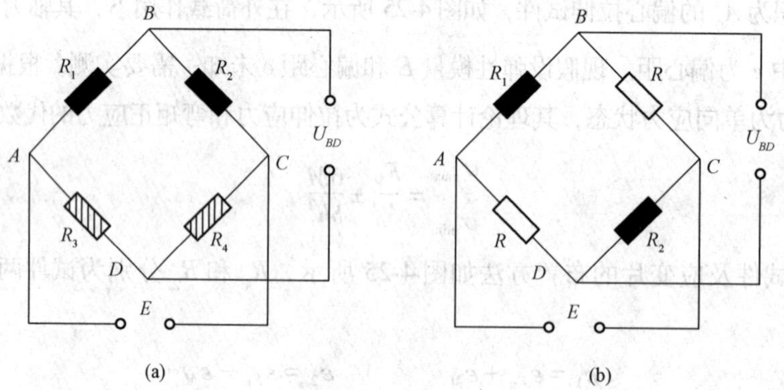

图 4-26　接线图

（a）邻臂桥路；（b）对臂桥路

4.9.4　实验步骤

（1）测量试件尺寸。在试件标距范围内，测量试件三个横截面的尺寸，取三处横截面面积的平均值作为试件的横截面面积 A_0，填入表 4-15。

（2）拟订加载方案。先选取适当的初荷载 F_0（一般取 $F_0=10\%F_{max}$ 左右），估算 F_{max}（该实验荷载范围 $F_{max}\leqslant 5\,000$ N），分 4 ~6 级加载。

（3）根据加载方案，调整好实验加载装置。

（4）按实验要求接好线，调整好仪器，检查整个测试系统是否处于正常工作状态。

（5）加载。均匀缓慢加载至初荷载 F_0，记下各点应变的初始读数；然后分级等增量加载，每增加一级荷载，依次记录应变值 ε_{F_P} 和 ε_M，直到最终荷载。（表 4-16 为半桥单臂测量 E、e 数据表格；表 4-17 为对臂桥路测量数据表格；表 4-18 为邻臂桥路测量数据表格。）

（6）做完实验后，卸掉荷载，关闭电源，整理好所用仪器设备，清理实验现场，将所用仪器设备复原，实验资料交指导教师检查签字。

表 4-15 偏心拉伸试件相关数据

试 件	厚度 h/mm	宽度 b/mm	横截面面积 $A_0=bh$/mm^2
截面尺寸			
已知：弹性模量 $E=210$ GPa，泊松比 $\mu=0.26$，偏心距 $e=10$ mm			

表 4-16 半桥单臂（1/4 桥）测量弹性模量 E、偏心距 e

荷载/N	F_P	1 000	2 000	3 000	4 000		
应变读数 $\mu\varepsilon$	ε_1						
	$\Delta\varepsilon_1$						
	平均值						
	ε_2						
	$\Delta\varepsilon_2$						
	平均值						
轴力应变 ε_{F_P}				弯曲应变 ε_M			
实测弹性模量 E							
实测偏心距 e							

表 4-17 对臂桥路（全桥）测量轴力应变 ε_{F_P}

荷载/N	F_P	1 000	2 000	3 000	4 000		
应变读数 $\mu\varepsilon$	ε_d						
	$\Delta\varepsilon_d$						
	$\Delta\overline{\varepsilon}_d$						
	ε_{F_P}	$\varepsilon_{F_P}=\Delta\overline{\varepsilon}_d/2=$					

表 4-18 邻臂桥路（半桥）测量弯矩应变 ε_M

荷载/N	F_P	1 000	2 000	3 000	4 000		
应变读数 $\mu\varepsilon$	ε_d						
	$\Delta\varepsilon_d$						
	$\Delta\overline{\varepsilon}_d$						
	ε_M	$\varepsilon_M=\Delta\overline{\varepsilon}_d/2=$					

4.9.5 实验结果处理

（1）求实测弹性模量 E。

$$\varepsilon_{F_P}=\frac{\varepsilon_1+\varepsilon_2}{2},\quad E=\frac{\Delta F_P}{\varepsilon_{F_P}\cdot A_0}$$

（2）求实测偏心距 e。

$$\varepsilon_M=\frac{\varepsilon_1-\varepsilon_2}{2},\quad e=\frac{hb^2\cdot E\cdot\varepsilon_M}{6\cdot\Delta F_P}$$

（3）应力计算（用已知的 E、e）。

理论值

$$\begin{matrix}\sigma_{\max}\\ \sigma_{\min}\end{matrix}=\frac{\Delta F_{\mathrm{P}}}{A_0}\pm\frac{6\cdot\Delta F_{\mathrm{P}}\cdot e}{hb^2}$$

实验值（$\varepsilon_{F_{\mathrm{P}}}$、$\varepsilon_M$）

$$\sigma_{\max}=E\left(\varepsilon_{F_{\mathrm{P}}}+\varepsilon_M\right),\ \sigma_{\min}=E\left(\varepsilon_{F_{\mathrm{P}}}-\varepsilon_M\right)$$

4.9.6 思考题

（1）采用什么接桥方式可减小侧向偏心弯矩的影响？

（2）实测中采用什么组桥方式测试精度最高？

第5章

设计性实验

5.1 金属材料弹性模量 E 和泊松比 μ 的测定

5.1.1 实验目的

(1) 了解电阻应变片的粘贴工艺技术过程，初步掌握电阻应变片的粘贴技术。

(2) 学习用电测法测量弹性模量 E 和泊松比 μ 的方法。

5.1.2 实验材料、实验仪器和实验试件

1. 实验材料

金属材料弹性模量 E 和泊松比 μ 的测定所用材料是低碳钢。

2. 实验仪器

(1) 电子万能试验机。

(2) 游标卡尺。

(3) 静态电阻应变仪。

(4) 粘贴电阻应变片所使用的砂纸、丙酮、脱脂棉、502 胶、焊锡、25 W 电烙铁、画笔、烧杯、万用表、镊子、塑料薄膜等。

3. 实验试件

本实验采用平板拉伸试件。

5.1.3 实验原理及方法

1. 电阻应变片粘贴技术

电阻应变片的粘贴是顺利进行电测实验的一个重要环节。电阻应变片的粘贴质量若达不

到技术要求，电测实验将无法正常进行。贴片技术作为一项基本的实验技能，每个从事电测技术工作的人员都应该了解其工艺过程，掌握其操作技术。

（1）电阻应变片检验。检查使用的电阻应变片是否是同一型号的电阻应变片；同时要求其灵敏系数一致、电阻阻值一致。

（2）试件表面清理。为了使电阻应变片牢固地粘贴于测试构件的测量点上，应对测点进行清理。清理的目的是去除测点表面的油污、锈层等杂质。表面粗糙时，要用锉刀将其锉平，然后用细砂纸打磨表面，使贴片点表面光滑、平整、无缺陷，用脱脂棉球沾上丙酮溶剂擦净表面。擦洗时单一方向进行，请勿来回擦洗，棉球擦一次需要更换，待棉球擦后无黑迹时，表明试件已清理干净。

（3）试件画线。试件表面清理完后，应对贴片测点画基准线，画线的工具是钢板尺和2H铅笔。先画出试件轴向中心线，再画一条横线垂直于中心线，这两条线作为电阻应变片粘片时的基准线。

（4）电阻应变片粘贴。电阻应变片在粘贴前，要再轻擦一次贴片表面，除去铅笔粉墨，并应能看得清画线的痕迹。在电阻应变片的反面用画笔涂上一层502胶，同时在试件的贴片位置也涂一层胶，等待片刻后，将电阻应变片用镊子夹住放在贴片位置上，迅速地用镊子调整电阻应变片的位置，使电阻应变片上的基准点重合于铅笔所画的基准线，立即用塑料薄膜将电阻应变片盖上，并用手指对所贴的电阻应变片施加压力，挤出多余的胶水和气泡。手指在电阻应变片上来回滚压，使电阻应变片与试件完全贴合。并保证在滚压过程中电阻应变片的基准点与试件上的基准线重合而无位置的变动。小心地揭掉塑料薄膜，用力方向应尽量平行于贴片表面，以防将电阻应变片带起。贴片的胶层厚度应尽量薄，能准确传递试件的应变。

（5）贴片质量的检查。电阻应变片在试件上贴完后，应对贴片质量进行检查。首先查看在贴片过程中是否弄断了线栅，用万用表测试电阻应变片的阻值，再测量电阻应变片与试件之间是否短路。检查电阻应变片的基准点是否与试件的基准线重合，粘贴层内有无气泡。若有上述情况之一者，都是不合格的贴片。不合格的贴片无法胜任测试工作，所以需要重新贴片。

（6）电阻应变片的焊接。将电阻应变片的两根引出线套上塑料套管，防止测试过程中电阻应变片与试件之间短路，将电阻应变片的引出线接到插座上，并用电烙铁把引线焊牢。

（7）电阻应变片的防护。电阻应变片在使用过程中除了注意不能与其他物体碰撞、摩擦，防止损坏以外，还要注意防潮。电阻应变片的粘贴胶层会吸收空气中的水分，使粘贴强度降低，不能准确有效地传递应变，使测试精度降低，无法正常工作。所以需要对电阻应变片的粘贴胶层进行防潮处理。最简单的方法是在电阻应变片上涂一层凡士林。要长期使用时，可用环氧树脂或硅胶进行封闭防潮，有效期可达数年。

（8）进行测试。将贴好电阻应变片的拉伸试件夹持在电子万能材料试验机上进行拉伸实验，测试其材料的弹性模量 E 和泊松比 μ 的数值，检验其电阻应变片的粘贴质量是否合格。

2. 测试原理

本次实验主要测定低碳钢的弹性模量 E 和泊松比 μ 的力学性能指标。

由材料力学知识可知，材料在屈服前力与变形是呈线性关系的，其拉伸曲线基本为一条直线，如图 5-1 所示。

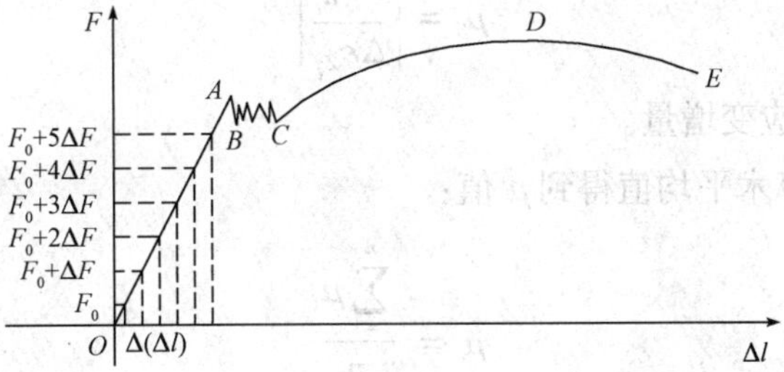

图 5-1　拉伸曲线图

弹性模量 E 是材料在弹性变形范围内应力与应变的比值，即

$$E = \frac{\sigma}{\varepsilon_Z} \tag{5.1}$$

式中　E——材料的弹性模量；

σ——应力；

ε_Z——纵向线应变。

每次荷载增量的纵向及横向应变增量为

$$\Delta\varepsilon_Z = \varepsilon_{Z_i} - \varepsilon_{Z_{i-1}} \tag{5.2}$$

$$\Delta\varepsilon_H = \varepsilon_{H_i} - \varepsilon_{H_{i-1}} \tag{5.3}$$

式中　$\Delta\varepsilon_Z$——纵向线应变增量；

$\Delta\varepsilon_H$——横向线应变增量；

ε_{Z_i}、$\varepsilon_{Z_{i-1}}$——纵向线应变；

ε_{H_i}、$\varepsilon_{H_{i-1}}$——横向线应变。

因为 $\sigma = \frac{F}{A_0}$，将每次加载测得的 $\Delta\varepsilon_Z$ 计算每次的弹性模量 E_i：

$$E_i = \frac{F}{A_0\varepsilon_Z} = \frac{\Delta F_i}{A_0\Delta\varepsilon_{Z_i}} \tag{5.4}$$

式中　F——荷载；

A_0——试样横截面面积；

ΔF_i——荷载的增量；

$\Delta\varepsilon_{Z_i}$——纵向线应变增量。

将几次的 E_i 值求算术平均值得到 E 值：

$$E_i = \frac{\sum_{i=1}^{n} E_i}{n} \tag{5.5}$$

泊松比 μ 是材料在弹性变形范围内横向线应变与纵向线应变的比值的绝对值，以每次加载测得的 ε_Z 和 ε_H 值计算每次的泊松比 μ_i：

$$\mu_i = \left| \frac{\Delta\varepsilon_{H_i}}{\Delta\varepsilon_{Z_i}} \right| \tag{5.6}$$

式中　$\Delta\varepsilon_H$——横向线应变增量。

将几次的 μ_i 值求算术平均值得到 μ 值：

$$\mu = \frac{\sum_{i=1}^{n} \mu_i}{n} \tag{5.7}$$

实际计算时，由于实验仪器的精度、夹具的间隙等问题，绝对荷载与绝对变形无法同步获取，所以一般采取增量法来得到弹性模量 E，即取一个荷载初始点 F_0，在此基础上按相等增量（例如 $\Delta F = 2$ kN）的间隔，读取 5 ~ 6 组相应变形增量数据，计算出应变增量。由于弹性模量 E 是在材料线弹性范围内测定，所以在理论上如果每级荷载增量相等，那么各级变形增量也应相等，因此可取平均值来计算弹性模量 E。

5.1.4　实验步骤

（1）试件准备。在标距 l_0 内，用游标卡尺分别测量试件两端及中部三个横截面的直径，每处在相互垂直的两个方向各测一次，取平均值为该处直径，以三处测量结果的平均值来计算试件的横截面面积 A_0，A_0 取三位有效数字，填入实验记录（表 5-1）。

表 5-1　低碳钢试件原始尺寸记录表

标距 l_0 /mm	直径/mm									最小横截面面积 A_0/mm^2
	横截面 1			横截面 2			横截面 3			
	1	2	平均	1	2	平均	1	2	平均	

（2）开机。打开计算机及电子万能试验机主机电源开关，打开软件，启动伺服驱动器和油泵。

（3）实验条件输入与选择。实验条件包括试样参数、报告数据、测试条件、设置选项等内容，根据实验如实填写。需要注意的是：

①在试样参数栏中，每批数量设置不能超过 20 个；轴向引伸计标距栏无须输入，因为 50 mm 是本实验使用的电子引伸计的标距。

②在测试条件栏中，测试过程控制的每一阶段的控制方式、切换条件必须根据材料的特性正确选择，否则会造成实验失败，对不了解材料特性的初次实验者，可以只选择第一阶

段，并进行位移控制，速率不宜太大。拉伸实验目的是通过材料破坏实验测定其性能，故实验结束控制选择破坏条件，其数值最好为 50% ~70%，否则有可能造成测试无效或试件没破坏而测试结束；本实验为金属实验，实验结束后下工作台必须选择停止，否则会破坏材料的断后状态。

③在设置选项栏中，负荷传感器选择“通道 1”；引伸计选择“中”，本实验中低碳钢拉伸时要测 E，使用引伸计，选择“变形 1”；实验数据选择“中”，本实验提供的数据为最大力。

（4）实验编号。六位数（年级、班级、学号各两位数）。

（5）安装试件。以试件两端头至少 2/3 长度被夹具夹紧为宜。夹好上夹头，软件“负荷”调零，再夹下夹头。

（6）夹引伸计。实验时，夹好引伸计，“变形 1”调零。

（7）开始测试。注意实验进入强化阶段要取引伸计或正常结束实验。

（8）打印实验数据和拉伸曲线图。实验结束，存储数据并打印实验数据和拉伸曲线图。

（9）取下试件。

（10）测量数据。在拉伸曲线图中，根据设计的力值找出弹性阶段各力值对应的试件的变形量，按式（5.4）计算弹性模量 E，填入表 5-2。

表 5-2　弹性模量原始数据记录表

<table>
<tr><td colspan="2">荷载/kN</td><td colspan="2">变形读数</td></tr>
<tr><td>F</td><td>ΔF</td><td>Δl/mm</td><td>$\Delta/\Delta l$</td></tr>
<tr><td></td><td></td><td></td><td></td></tr>
<tr><td></td><td></td><td></td><td></td></tr>
<tr><td></td><td></td><td></td><td></td></tr>
<tr><td></td><td></td><td></td><td></td></tr>
<tr><td></td><td></td><td></td><td></td></tr>
<tr><td></td><td></td><td></td><td></td></tr>
<tr><td>引伸计标距 l_e/mm</td><td></td><td>变形增量平均值 $\overline{\Delta}$（Δl）</td><td></td></tr>
<tr><td colspan="2">弹性模量 E/GPa</td><td colspan="2"></td></tr>
</table>

（11）工具复原，经指导教师检查后关伺服驱动器和油泵，关软件，关试验机电源。

5.1.5　思考题

（1）试件的形状和尺寸对测量弹性模量 E 有无影响？

（2）为什么使用增量法计算弹性模量 E？

（3）为什么用拉伸实验测弹性模量 E 时，试样的横截面面积 A_0 为标距两端及中间处三者横截面尺寸的平均值，而测量力学性能的拉伸破坏实验时采用三处横截面面积中的最小值？

5.2 弯扭组合空心轴主应力的测定

5.2.1 实验目的

(1) 学习电阻应变仪的使用;

(2) 测定弯扭组合变形中一点主应力的大小和方向，并与理论值比较，验证应力状态理论的正确性。

5.2.2 实验材料、实验仪器和实验试件

1. 实验材料

弯扭组合空心轴主应力测定实验的金属材料是铝合金。

2. 实验仪器

(1) 弯扭组合实验装置，如图5-2所示。

(2) 静态电阻应变仪。弯扭组合实验装置由薄壁管（已经粘贴好应变片）、扇臂、钢索、传感器、加载手轮、座体等组成。实验时，转动加载手轮，传感器受力，有信号输给数字测力仪，此时，数字测力仪显示的数字即作用在扇臂端的荷载值，扇臂端作用力传递至薄壁管上，薄壁管产生扭矩组合应变。

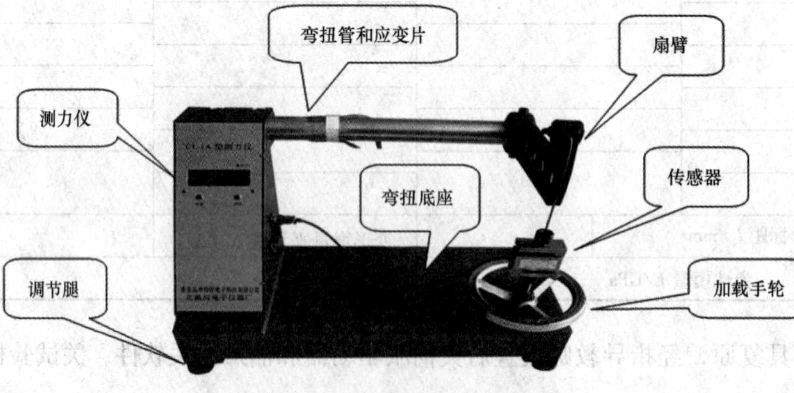

图5-2 弯扭组合实验装置

3. 实验试件

本实验采用铝合金空心圆轴试件，其外径尺寸 $D=39.9$ mm，内径尺寸 $d=34.4$ mm，材料的弹性模量 $E=70$ GPa，泊松比 $\mu=0.34$。测量点至加荷力臂中心平面的距离 $a=300$ mm，位于圆管的上顶点。加荷力臂的加力点至圆管中心轴线距离 $L=200$ mm（图5-3）。

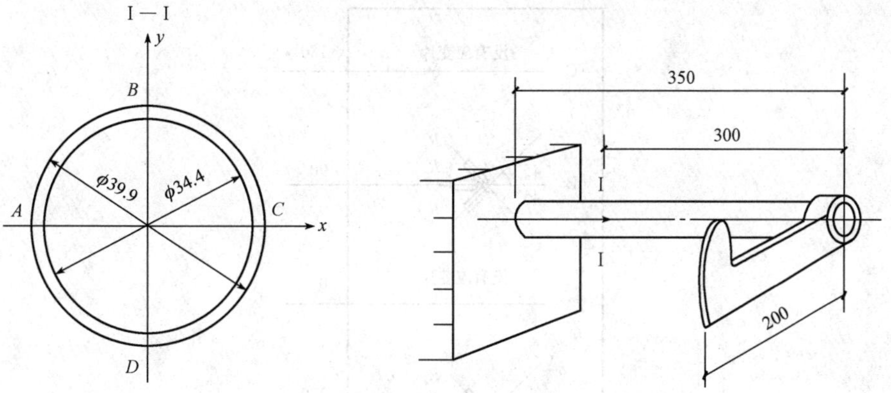

图 5-3　薄壁圆管尺寸简图

5.2.3　实验原理及方法

1. 实验原理

试件受弯扭组合作用，由平面应力状态理论可知，圆轴表面 A 点主应力及主方向可根据以下公式计算，即

$$\left.\begin{matrix}\sigma_1\\ \sigma_3\end{matrix}\right\} = \frac{\sigma_x}{2} \pm \frac{1}{2}\sqrt{\sigma_x^2 + 4\tau_{yz}^2} \tag{5.8}$$

$$2\alpha_0 = \tan^{-1}\left(-\frac{2\tau_{yz}}{\sigma_x}\right) \tag{5.9}$$

式中　$\sigma_x = \dfrac{M}{W}$，其中：$M = Pa$，$W = \dfrac{\pi D^3}{32}\left(1 - \dfrac{d^4}{D^4}\right)$；

$\tau_{yz} = \dfrac{T}{W_p}$，其中：$T = PL$，$W_p = \dfrac{\pi D^3}{16}\left(1 - \dfrac{d^4}{D^4}\right)$。

测取 a、L 的值，并知道荷载增量 ΔP，可由式（5.8）、式（5.9）计算出理论主应力的大小和方向。

用电测法得到实测的主应力的大小和方向。与理论计算结果相比较，以验证理论的正确性。

图 5-4 所示截面为被测截面，取四个被测点 A、B、C、D，在 B、D 点的三个方向上各贴一枚应变片（45°，0°，－45°），共计 6 枚应变片，供不同的实验目的选用。

（1）指定点的主应力大小和方向的测定。将截面 B、D 两点的应变片 $R_1 \sim R_3$，$R_4 \sim R_6$ 按照单臂接法接入预调平衡箱，采用公共温度补偿片，加载后测得 B、D 两点的 $\varepsilon_{45°}$、$\varepsilon_{0°}$、$\varepsilon_{-45°}$，已知材料的弹性常数可用下式计算主应力大小：

$$\left.\begin{matrix}\sigma_1\\ \sigma_3\end{matrix}\right\} = \frac{E}{1-\mu^2}\left[\frac{1+\mu}{2}(\varepsilon_{-45°} + \varepsilon_{45°}) \pm \frac{1-\mu}{\sqrt{2}}\sqrt{(\varepsilon_{-45°} - \varepsilon_{0°})^2 + (\varepsilon_{0°} - \varepsilon_{45°})^2}\right] \tag{5.10}$$

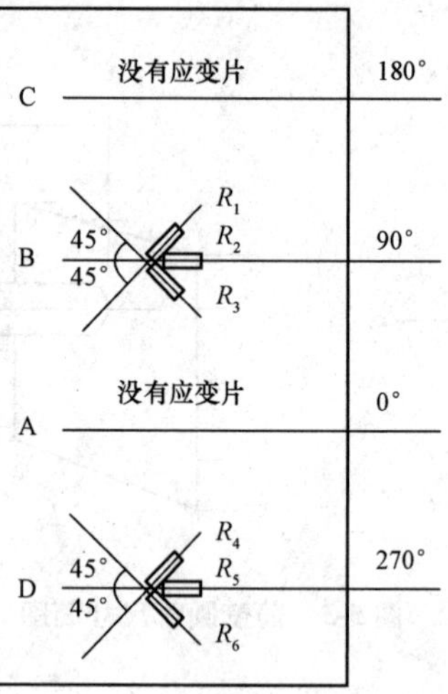

图 5-4　测点应变片的粘贴示意图

主应力方向：

$$\tan 2\alpha = \frac{\varepsilon_{45^\circ} - \varepsilon_{-45^\circ}}{(\varepsilon_{0^\circ} - \varepsilon_{-45^\circ}) - (\varepsilon_{45^\circ} - \varepsilon_{0^\circ})} \tag{5.11}$$

式中　ε_{45°、ε_{0°、ε_{-45°——与薄壁管轴线成45°、0°、－45°方向上的应变。

主应力大小和方向的测定，也可选择其他点测点，但要在所选测点处粘贴应变片。

（2）弯矩、剪力、扭矩所引起的应变的测定。

（3）弯矩引起的正应变的测定。用上、下（B、D）两测点0°方向的应变组成半桥线路，测得B、D两处由于弯矩M所引起的正应变：

$$\varepsilon_M = \frac{\varepsilon_i}{2} \tag{5.12}$$

式中　ε_i——应变仪读数；

ε_M——由弯矩M所引起的轴线方向的应变。

2. 使用说明

（1）开箱后将该装置上的传感器的五芯插头连接到相同编号的测力仪上。

（2）将数字测力仪打开，预热10 min，并检查该装置是否处于正常运行状态。

（3）将应变片按实验要求接至应变仪，逆时针旋转手轮，预置50 N初荷载。

（4）每次实验时必须先打开测力仪方可旋转手轮，以免损坏实验装置（如传感器、薄壁管等）。

（5）每次实验完必须卸载，即测力仪显示为零或出现“－”号，再将测力仪关闭。

（6）该装置可加载450 N，可超载150 N，严重超载会损坏实验装置。

5.2.4　实验步骤

（1）自行设计实验方法与步骤，利用仪器设备分别量测出所需数据。

（2）根据测得的相应数据进行实验结果计算。

5.2.5　实验注意事项

（1）待荷载数字显示稳定后，再进行读数。

（2）切勿随意用手按压力臂杆和试样，严禁超载，以防损坏试样或应变仪。

5.2.6　思考题

（1）如果测点紧靠固定端，实测应力将如何变化？原因何在？

（2）指定点的应力状态图如何绘制？

5.3　电阻应变片的粘贴实验

5.3.1　实验目的

（1）初步掌握常温电阻应变片粘贴技术。

（2）初步掌握贴片所使用的仪器、工具的使用方法。

5.3.2　实验仪器和试件

常温电阻应变片；砂纸、无水乙醇或丙酮、棉球；502 胶、透明塑料薄膜、胶布；四位电桥、万用表、兆欧表、角向砂轮机；测量导线；电烙铁、松香和焊锡丝、接线端子、镊子、剪刀、剥线钳等工具；硅橡胶密封剂（南大 703 或 704 胶）；试件。

5.3.3　实验步骤

电阻应变片的粘贴是电测法中一个重要的环节，它起着一个“承上启下”的作用。如果贴片工艺不良，将会导致整个应变测试工作不能顺利进行，甚至失败。故必须给以高度重视。

1. 应变片粘贴准备及工艺过程

电阻应变片由敏感栅、基底、覆盖层、胶粘剂、引线组成。按敏感栅的材料，应变片可分为金属电阻应变片和半导体应变片；按形式，应变片可分为直角、45°、60°应变片；按温度，可分为高温（300 ℃以上）、中温（60 ~ 300 ℃）、常温（ – 30 ~ 60 ℃）和低温（ – 30 ℃以下）应变片。这次粘贴的应变片为常温应变片。

应变片粘贴工艺过程：检查—试件表面处理—贴片—固化后处理—粘贴质量检查—应变片防护处理。先外观检查应变片丝栅是否整齐、引出线有无折断等，然后用四位电桥或数字欧姆表测量各应变片的电阻值，选择电阻值相差在0.1 Ω以内的应变片供粘贴用。电阻值相差超过0.5 Ω以上的应变片不易调节初始平衡。

2. 试件贴片表面处理

将试件待测位置用砂纸打磨出与贴片方向成45°的交叉纹路，面积为应变片的3~5倍。表面打磨光滑，用划针在测点处划出贴片定位线，并用浸有无水乙醇棉球将待贴位置及周围擦洗干净，直至棉球洁白为止，应始终沿一个方向擦洗。

3. 贴片

用镊子（或用手）捏住应变片的引出线，在应变片基底底面上和贴片处涂抹一层薄薄的502胶后，立即对准划出的定位线将应变片基底底面向下平放在试件贴片处，用一小片塑料薄膜盖在应变片上，用手指滚压挤出多余的胶和气泡。手指保持不动约1 min，使应变片和试件完全粘合后再放开，沿应变片无引出线的一端向另一端轻轻揭掉塑料薄膜，用力方向尽量与粘贴表面平行，以防将应变片带起。值得指出的是，胶粘剂不要用得过多或过少，过多使胶层太厚影响应变片性能，过少则粘结不牢不能准确传递应变。

若为混凝土构件，则先将构件上贴片处的表面刷去灰浆和浮尘，用丙酮清洗干净。再用914胶（或102胶）涂刷测点表面，面积约为应变片面积的5倍。914胶由两种成分调配而成，A为树脂，B为固化剂，按质量A∶B=2∶1。调配后需在5分钟内使用，否则就会凝固。涂刷时随时用铲刀刮平，待初凝后不须再刮。若用102胶，以比例为1∶1配置。操作同上。对底层这样处理后，可以防水且平整，易于贴片。一昼夜以后，胶已固化，用砂布打磨光滑平整，并用直尺和划针划出易见的贴片方位。用脱脂棉球、无水乙醇将打磨过的表面洗干净，并用棉球沿一个方向擦干，最后用502胶将混凝土应变片贴在构件上。此外还应注意，手指不要被502胶粘住，如被粘住可用丙酮泡洗干净。

4. 粘贴质量检查

首先，用万用表检查应变片的电阻值，看有无断路现象，因为粘贴过程中可能丝栅被弄断。其次，用万用表检查引线与试件间的电阻，查看有无短路现象，因为基底的破损可能使丝栅或引出线的根部与试件表面接触。再次，检查贴片方位是否正确，如果方位不正确，会引起较大测试误差。最后，检查有无气泡、翘曲等，如有气泡、翘曲，将会影响应变的传递。当检查有不合格的应变片，应当重新贴片。

5. 应变片的固化

应变片的固化常根据选择的胶粘剂来确定固化条件和要求，一般选用室温可以固化的胶粘剂，自然干燥时间15~24 h。当采用需要加温固化的胶粘剂时，应严格按规定进行固化。

6. 应变片的绝缘

固化后的应变片还要用兆欧表进行与试件粘合层的测量，因为应变片在接入桥路后，绝缘电阻的存在就相当于在应变片上并联了一个电阻，它的变化会使电桥有输出而引起误差。因此，当绝缘电阻较小时，应变片的零漂、蠕变、滞后就较为严重，使测量误差增大。绝缘电阻的测量方法是：用兆欧表一根表笔与应变片的引出线（一根导线）相连，另一根表笔与试件相连，然后顺时针匀速转动兆欧表摇把，其绝缘应大于 500 MΩ。

7. 导线的焊接与固定

应变片的引线通常用焊锡与测量导线连接。它们之间的连接方式用接线端子或缠贴绝缘胶带两种方法。使用时，先把端子粘贴在连接处，固化后才能把引出线的一端与测量导线的一端分别焊在端子上，再同测量仪器连接。而缠贴绝缘胶带的办法是：用胶带缠贴在连接处，再将测量导线用胶带固定在试件上，然后用烙铁将应变片的引出线与测量导线锡焊。焊点要光滑饱满，防止虚焊，焊接要求准确迅速，时间不宜过长，否则会通过引出线传热将丝栅与引出线焊点熔化而损坏。

8. 应变片的防护

应变片胶层干燥及导线焊好后，应及时涂上防护层，防止大气中的水分或其他介质浸入，最简单的方法是用硅橡胶密封剂（南大 703 胶）涂在应变片区域表面做防潮层，其室内有效期为 1 ~ 2 年。

5.3.4　贴片注意事项

（1）贴应变片时要看清楚基底底面才能涂胶粘剂粘贴，若贴反，将导致短路现象。

（2）用无水乙醇或丙酮浸润棉球擦洗试件时，应将棉球挤干，沿一个方向擦洗，还应注意节约使用原材料，不得浪费。

（3）应变片的引出线先焊在接线端子上，再将导线的一端焊在端子上；也可以先对导线的裸出段（2 ~ 3 mm）上锡后再与引出线焊接，已焊好的导线应及时用胶带固定在试件上。

（4）实验完成后，应将所使用的仪表、器材整理清点归还实验室，并清扫贴片现场。

5.3.5　思考题

（1）应变片筛选的原则与原因有哪些？

（2）应变片粘贴有哪些操作过程及注意事项？

（3）分析实验过程中出现的问题及处理方法有哪些？

5.4　复合材料的拉伸实验

5.4.1　实验目的

（1）测定拉伸强度 σ_b。

（2）测定弹性模量 E。

（3）测定割线弹性模量 E_S。

（4）测定破坏（或最大荷载）伸长率 δ_t。

5.4.2 实验仪器和实验试样

1. 实验仪器

（1）WDW-100C 型微机控制电子万能试验机。

（2）游标卡尺。

2. 实验试样

（1）试样形状。试样形状如图 5-5 所示。

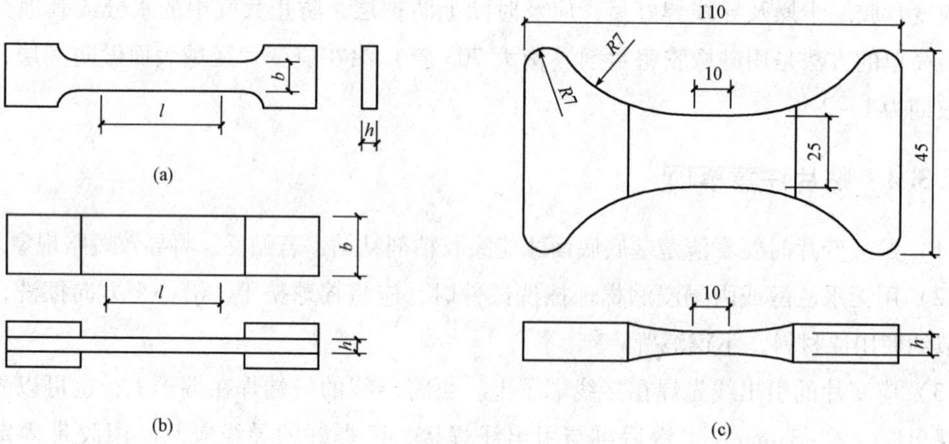

图 5-5 实验试样示意图

（a）Ⅰ型试样；（b）Ⅱ型试样；（c）Ⅲ型试样

图 5-5（a）为Ⅰ型试样：适用于测定玻璃纤维织物增强热塑性和热固性塑料板材的拉伸强度。

图 5-5（b）为Ⅱ型试样：适用于测定玻璃纤维织物增强热固性塑料板材的拉伸强度。

图 5-5（c）为Ⅲ型试样：仅适用于测定模压短切玻璃纤维增强塑料的拉伸强度；而测定该材料的其他拉伸性能时仍用Ⅰ型或Ⅱ型试样。

（2）试样的制备。

①Ⅰ型、Ⅱ型试样采用机械加工法制备，Ⅲ型试样采用模塑法制备。

②Ⅱ型试样加强片的材料、尺寸及其粘结。

a. 加强片材料采用与试样相同的材料或铝板材料。

b. 加强片尺寸。其厚度：2 ~ 3 mm；其宽度：采用单根试样粘结时，宽度就取为试样的宽度，若采用整体粘结后再加工成单根试样，则宽度应满足所要加工试样的要求。

c. 加强片的粘结。用细砂纸打磨粘结表面，注意不应损伤材料强度，然后用丙酮清洗粘结表面，再用韧性较好的室温固化胶（如环氧胶粘剂）粘结。

注意：要对试样粘结部位加压一定的时间。

③试样数量。由于复合材料的离散性较大，所以必须保证有5个有效试样。

5.4.3　实验原理

复合材料拉伸实验适用于测定玻璃纤维织物增强塑料板材和短切玻璃纤维增强塑料的拉伸力学性能。在假设材料均匀、各向同性、应力-应变关系符合胡克定律的前提下，其力学性能一般仍按工程力学公式计算。但纤维增强塑料实际上不太符合这些假设，实验过程中不完全符合胡克定律，在超过屈服强度以后，往往在纤维和树脂的粘结面处会逐步出现微裂纹，形成一个缓慢的破坏过程，这时，要记下其发出的声响和试样表面出现白斑时的荷载，并绘制其破坏图案。

拉伸实验是指在规定的温度［(23±2)℃］、湿度（相对湿度45%～55%）和实验速度下，沿试样纵轴方向施加拉伸荷载使其破坏的实验，其相应的材料力学性能指标如下：

1. 拉伸强度 σ_b

当试样拉伸至最大荷载时，记录该瞬间荷载，由下式计算拉伸强度：

$$\sigma_b = \frac{P_{max}}{bh} \tag{5.13}$$

式中　P_{max}——实验最大荷载；

b——试样宽度；

h——试样厚度。

2. 弹性模量 E

试样是预先按规定方向（如板的纵向和横向）切割而成的，使各向异性材料转变为单向取样测量，故可假定在这种形式的试样上其应力-应变关系服从胡克定律，那么，拉伸弹性模量 E 可表示为

$$E = \frac{l_0 \Delta P}{bh\Delta l} \tag{5.14}$$

式中　ΔP——荷载-位移曲线上初始直线段的荷载增量；

Δl——与荷载增量 ΔP 对应的标距 l_0 内的位移增量。

3. 割线弹性模量 E_s

若材料的拉伸应力-应变曲线没有初始直线段，则可测定其规定应变下的割线弹性模量，它是曲线上原点和规定应变相对应点的连线的斜率，称为拉伸割线弹性模量，由下式计算：

$$E_s = \frac{Pl_0}{bh\Delta l_s} \tag{5.15}$$

式中　E_s——在0.1%、0.2%或0.4%应变下的拉伸割线弹性模量；

P——荷载-位移曲线上产生规定应变时的荷载；

Δl_s——与荷载 P 对应的标距内 l_0 的变形值。

4. 破坏（或最大荷载）伸长率 δ_t

试样拉伸破坏时或最大荷载处的伸长率，称为破坏（或最大荷载）伸长率，记为 δ_t（%），按下式计算：

$$\delta_t = \frac{\Delta l_\delta}{l_0} \tag{5.16}$$

式中 Δl_δ——试样拉伸破坏时或最大荷载处标距内的 l_0 伸长量。

5.4.4 实验步骤

1. 试样准备

实验前，试样在实验标准环境中至少放置 24 h。不具备环境条件者，试样可在干燥器内至少放置 24 h。

用游标卡尺在试样工作段内的任意三处，测量其宽度和厚度，取算术平均值。

2. 试验机和仪器准备

（1）调节试验机的加载速率。

测定拉伸强度时：Ⅰ型试样的加载速率为 10 mm/min；Ⅱ型、Ⅲ型试样的加载速率为 5 mm/min。

测定拉伸弹性模量时，加载速率一般为 2 mm/min。

（2）预估最大荷载，以此选择测力度盘，配上相应重锤，调整测力度盘对“零”。

（3）夹持试样，使试样的中心线与上、下夹具的对准中心线一致，并在试样工作段安装引伸计，施加初荷载（约为破坏荷载的 5%）。

（4）将引伸计、荷载传感器引线分别接到动态应变仪两个通道的电桥盒上，并进行引伸计和荷载传感器标定。

3. 实验

加载，自动记录荷载-变形曲线；连续加载至试样破坏，记录破坏荷载（或最大荷载）及试样破坏形式。若试样出现以下情况，则实验无效：

（1）试样破坏在内部缺陷明显处。

（2）Ⅰ型试样破坏在夹具内或圆弧处；Ⅱ型试样破坏在夹具内或试样断裂处，离夹紧处的距离小于 10 mm。

5.4.5 实验结果处理

（1）通过记录曲线，采集荷载与相应的变形值，计算得到拉伸强度、弹性模量（或拉伸割线弹性模量）和伸长率。

（2）Ⅲ型试样破坏在非工作段时，仍用工作段横截面面积来计算，记录试样断裂位置。

（3）计算各参数的算术平均值、标准差和离散系数。

第 6 章

实验仪器及设备

6.1 电子万能试验机

6.1.1 产品概述

DNS 系列电子万能试验机是用于材料力学性能测试的新型机电一体化实验设备。本系列产品采用计算机系统和 TMC 数字测量控制系统组成，自动、精确地测量和控制实验力、位移和变形等实验参数，是一种多功能、高精度的静态试验机，可用于金属和非金属材料的拉伸、压缩、弯曲、剪切等实验，还可以进行实验力、变形等速率控制以及恒实验力、恒变形等实验。各种实验数据由计算机进行处理和屏幕显示，并由打印机自动打印实验曲线和实验结果。试验机由主机、附件、计算机、打印机及 TMC 测量控制系统五部分组成。

产品主要特点如下：

（1）高性能的负荷机架。门式力系框架，质量轻，刚度高，高速大荷载下运行平稳。

（2）先进的机械传动结构。齿型胶带式减速器配以滚珠丝杠副的传动系统，效率高于 70%，传动平稳，噪声低于 65 dB。

（3）用途广泛，功能多。适用于金属材料、非金属材料、复合材料性能的拉伸、压缩、弯曲、剪切、剥离、撕裂以及应力、应变控制实验等。

（4）具有多种保护功能。如驱动系统过流、整机超载及动横梁位置极限保护等。

（5）满足多种材料实验方法和标准。如 GB、DIN、ISO、ASTM 等。

（6）计算机系统通过与控制器通信采集数据，全部操作纳入计算机软件的控制。

（7）可对实验数据实时采集、运算处理、实时显示并打印结果报告。

（8）程序具有采集数据、绘制曲线、曲线局部放大或缩小、曲线单显或多条曲线叠加对比、打印预览以及人工修正等功能。

6.1.2 主要技术指标

（1）力传感器测量范围：0.4% ~100% FS。

（2）实验力示值误差：优于示值的 ±0.5%。

（3）引伸计测量范围：2% ~100% FS。

（4）变形示值误差：优于示值的 ±0.5%。

（5）位移速率调节范围：0.005 ~500 mm/min。

（6）位移速率误差：优于 ±0.5%（空载，检测距离大于 20 mm）。

6.1.3 各部件名称及术语

电子万能试验机各部件名称及术语如图 6-1 所示。

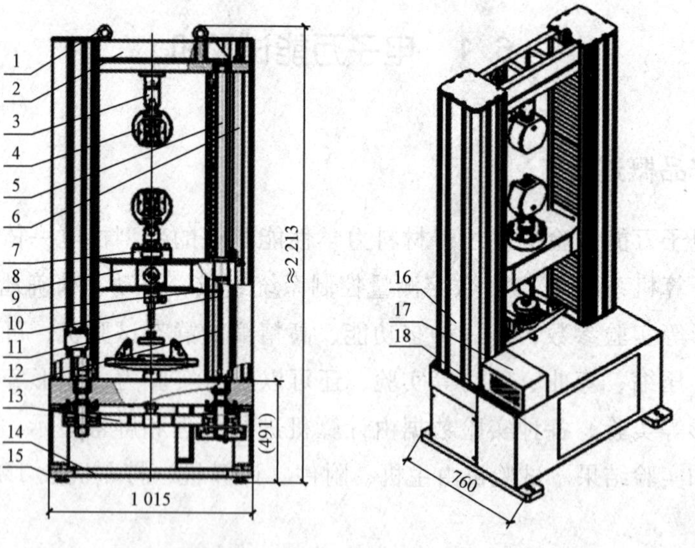

图 6-1 电子万能试验机各部件名称及术语

1—吊环螺钉；2—上横梁；3—万向联轴器；4—拉伸夹具（各种附具）；5—滚珠丝杠副；6—立柱；7—负荷传感器；8—活动横梁；9—限位挡杆；10—限位杆；11—三点弯曲试台（各种附具）；12—限位环；13—减速装置；14—底框；15—调整螺钉；16—围板；17—电动机防尘罩；18—配电箱

6.1.4 实验前的准备

1. 调节水平

在将试验机落地之前，先将垫铁垫在主机底板的四个角处，然后将机器落在垫铁的上方，接着把水平仪放置在工作台面上的两个滚珠丝杠副之间，然后调整地脚螺栓，使设备水平。

2. 调整限位环

限位装置主要是为了避免在意外的情况发生时（多指控制失灵时），动横梁（也叫中横梁）与上横梁或工作台面发生碰撞而引起设备损坏。

调整限位环首先要目测，在达到要求的情况下中横梁向上移动到某一点和向下移动到某一点时是否安全，且这两个点是否会影响正常的实验，在达到要求的情况下将上限位环和下限位环分别移动到这两点，然后旋紧。

3. 更换夹块

在夹持试样之前，请先检查一下夹具中的夹块是否与试样的形状相符合，要是不符合（比如试样为棒材，而夹具中的夹块为平板形），则需对夹块进行更换。

更换方法：先把需要用的夹块准备好，然后使用内六角扳手把夹具上的前挡板卸下来（夹具为螺旋横向夹紧楔形夹具），然后取下垫片，把所准备的夹块安装上去，最后装上前挡板。

如果选用的是液压夹具，那么先松开夹具，然后用内六角扳手将夹具中夹块上的螺栓旋下来，使弹簧松开，最后直接取出垫片和夹块，将所准备的夹块和垫片安装进去。

6.1.5　新建实验

该部分描述了软件快速入门方法，首次使用软件“新建实验”做一个实验的方法和步骤。

（1）在计算机桌面双击 TestExpert. NET 图标，如图 6-2 所示，启动实验软件。或执行“开始”—“程序”—“TestExpert. NET”命令。

图 6-2　TestExpert. NET 图标

（2）软件启动界面显示实验软件名称、当前版本号及单位名称等信息，如图 6-3 所示。

TestExpert.NET
版本：2.0
©长春机械科学研究院有限公司，保留所有权利。

图 6-3　软件启动界面

（3）选择登录用户名，输入密码登录软件，如图 6-4 所示；成功登录后进入软件主界面，如图 6-5 所示。

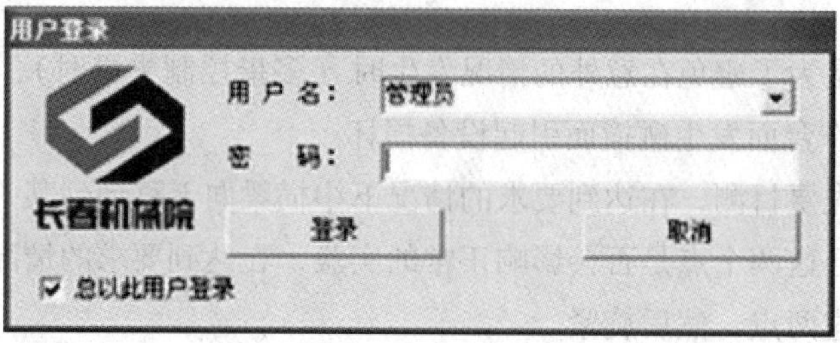

图 6-4　用户登录界面

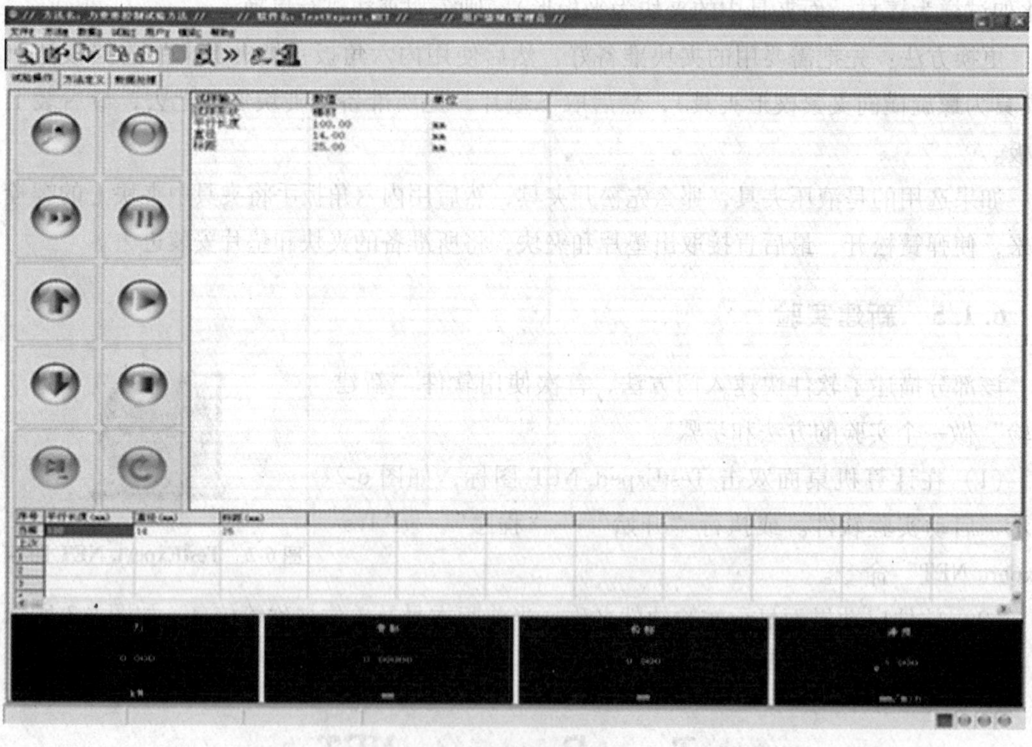

图 6-5　软件主界面

（4）打开控制器电源，控制器进入初始化和调整状态，为联机做准备。

（5）读出实验方法：一种是从“方法”菜单下面的最近文件列表中选择；一种是选择该菜单下的“查询”命令，进入方法查询界面，如图 6-6 所示，使用简单查询或复合查询形式在数据库中查询已经设置好的实验方法，双击该方法即可打开。（此处以拉伸实验方法为例）

（6）切换到“方法定义”对话框，检查当前打开的实验方法参数设置，修改参数后进行保存或者另存。

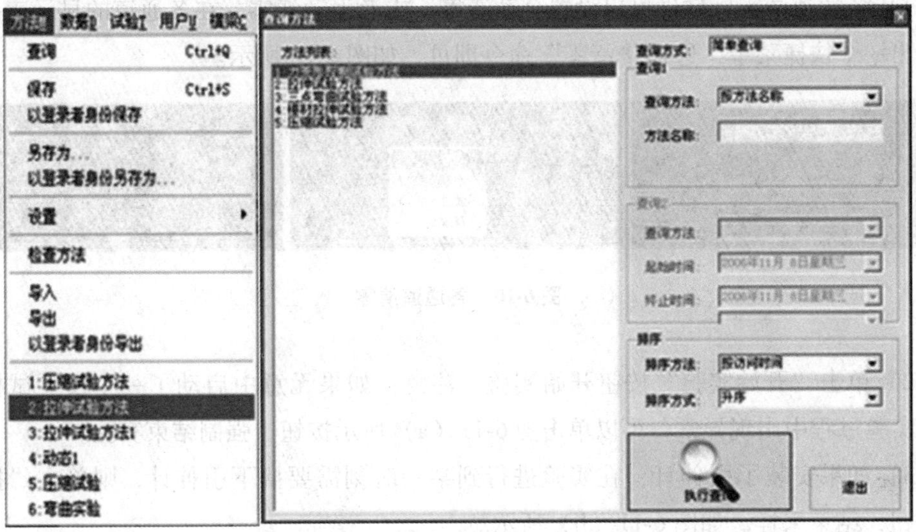

图 6-6　方法查询界面

（7）切换到“实验操作”对话框，单击软件主界面左侧“联机”按钮，不同的控制器联机等待时间不同，联机成功后，各个通道显示实时数据，否则会给出一些错误信息。联机按钮如图 6-7 所示。

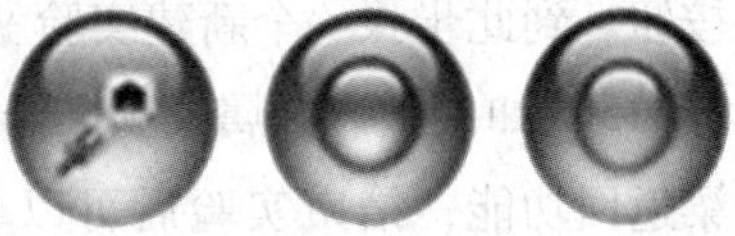

图 6-7　联机按钮

（8）单击“启动”按钮：启动前按钮呈现灰色；启动成功后，按钮呈现亮绿色，如图 6-7 所示。此时左侧操作按钮呈现高亮可用状态。

（9）使用手控盒或操作按钮移动横梁，安装试样。与横梁移动有关的操作按钮，以绝对零点位置为参考：快速移动到指定位置按钮，如图 6-8（a）所示；控制横梁上升按钮，如图 6-8（b）所示；控制横梁下降按钮，如图 6-8（c）所示；非实验状态控制横梁停止，实验状态控制实验暂停按钮，如图 6-8（d）所示；非实验状态控制横梁停止，实验状态控制实验结束按钮，如图 6-8（e）所示。

（10）安装引伸计：夹持好试样后，为了测量变形，将引伸计安装到试样上，如图 6-9 所示。

(a)　(b)　(c)　(d)　(e)

图 6-8　与横梁移动有关的操作按钮

（a）快速移动；（b）上升；（c）下降；（d）暂停；（e）停止

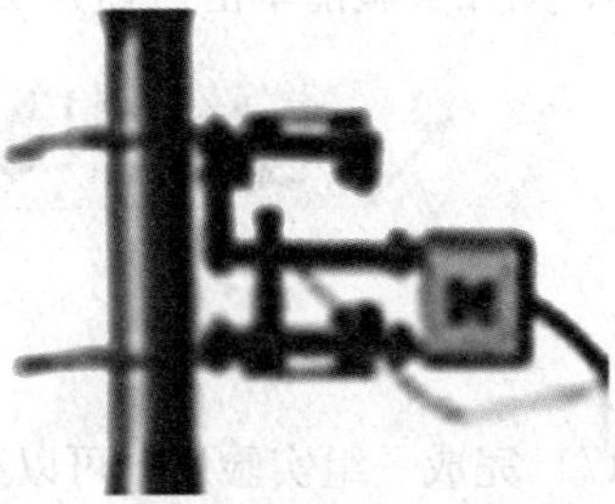

图 6-9　安装引伸计

（11）各通道清零：软件可以设置自动清零；或者手动清零，在各通道的显示表头上右击，弹出一个快捷菜单，选择“清零”命令即可，如图 6-10 所示。

图 6-10　各通道清零

（12）单击“开始实验”按钮开始实验。注意：如果无意中启动了一个没夹试样的实验，或实验过程中出现异常，可以单击图 6-11（a）所示按钮，强制结束实验。

（13）如果安装了引伸计，在实验进行到某一时刻需要摘下引伸计，则单击“摘引伸计”按钮，结束采样，如图 6-11（b）所示。

（14）软件检测到试样断裂，会自动结束本次实验，提示输入实验名，输入后数据将被存入数据库。如果方法设置不自动检测断裂，则需要手动结束实验，即单击图 6-11（c）所示按钮。到此步骤一个新建实验就完整地结束了。

（15）如果做非金属实验，希望在卸除试样后让横梁返回到实验前的位置，则需要激活横梁返回功能，结束实验后可以单击“返回”按钮，横梁将自动移动到实验前初始位置，如图 6-11（d）所示。

(a)　(b)　(c)　(d)

图 6-11　按钮图

（a）开始实验；（b）摘引伸计；（c）结束实验；（d）返回

（16）如果继续做其他试样的实验，请返回步骤（9），在步骤（14）结束实验时，程序将不再提示输入实验名，直接存储到上次实验名称里，作为一组实验数据。如果要存储新实验名称，则在实验前单击“新建实验”按钮，如图 6-12 所示。

图 6-12　新建实验

（17）完成一组实验后，可以进入数据处理界面查看数据、实验结果和统计值，还可以分析实验结果，打印输出（图 6-13）。

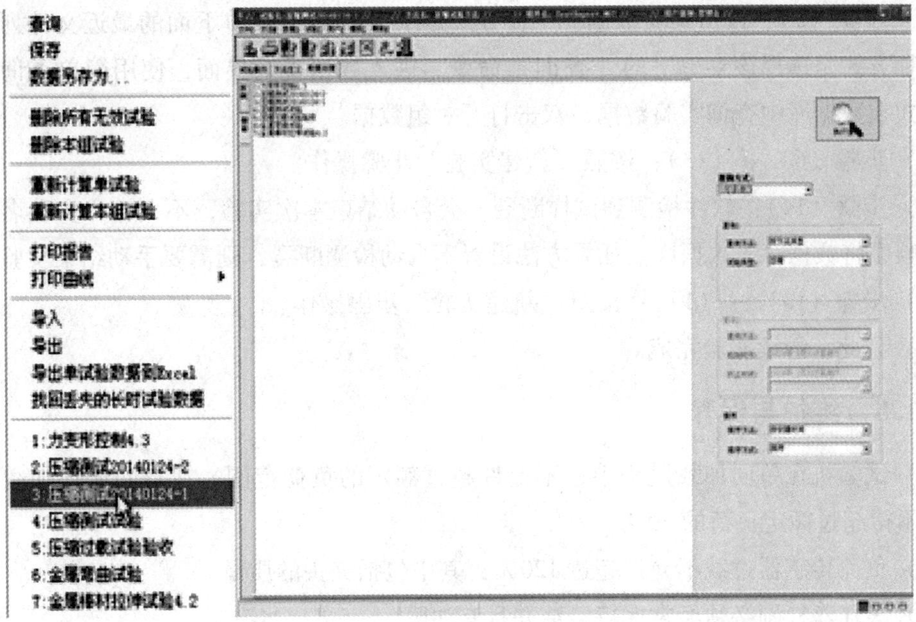

图 6-13　数据处理界面

6.1.6　重建实验

描述软件快速入门的另一个方法“重建实验”的方法和步骤如下。

“重建实验”是在数据处理页读出一组实验数据后，用该数据所包含的实验方法重新建立一个实验的方式。刨除步骤（5）和（12）后，“重建实验”方式与“新建实验”方式操作步骤相同。

（1）步骤（1）～（4）按照“新建实验”步骤操作。

（2）步骤（5）：读出实验数据：一种方式是从“数据”菜单下面的最近文件列表中选择；一种方式是执行该菜单下的“查询”命令，进入数据查询界面，如图 6-13 所示，使用简单查询或复合查询方式在数据库中查询实验数据，双击打开一组数据。

（3）步骤（6）～（11）按照“新建实验”步骤操作。

（4）步骤（12）：单击图 6-12 中的“新建实验”按钮，然后单击“开始实验”按钮开始实验。注意：如果无意中启动了一个没夹试样的实验，或实验过程中出现异常，可以单击图 6-11（a）按钮，强制结束实验。

（5）步骤（13）～（17）按照“新建实验”步骤操作。

（6）重建实验到此完成。

6.1.7　继续实验

该部分描述了软件快速入门的第三个方法“继续实验”的方法和步骤。去除步骤（5）和（14）后“继续实验”方式与“新建实验”方式操作步骤相同。

（1）步骤（1）～（4）：按照“新建实验”步骤操作。

（2）步骤（5）：读出实验数据：一种方式是从“数据”菜单下面的最近文件列表中选择；一种方式是选择该菜单下的“查询”命令，进入数据查询界面，使用简单查询或复合查询方式在数据库中查询实验数据，双击打开一组数据。

（3）步骤（6）~（13）：按照“新建实验”步骤操作。

（4）步骤（14）：软件检测到试样断裂，会自动结束本次实验，不用输入实验名称，直接按照顺序将数据存入数据库。如果方法设置不自动检测断裂，则需要手动结束实验。

（5）步骤（15）~（17）：按照“新建实验”步骤操作。

（6）到此，继续实验完成。

6.1.8 维护与保养

（1）试验机在单向加载过程中，不允许超过额定的负荷范围。在双向循环加载中，最大负荷不得超过额定负荷的30%。

（2）负荷传感器过载不允许超过120%，其中包括夹头的质量。

（3）滚珠丝杠副必须经常保持清洁并且有油膜。

（4）当进行位移测量及循环控制实验时，若动横梁不动，或只向上或向下单方向移动，应检查控制“升态”和“降态”的信号是否输出。

（5）主机与控制箱外壳应连通，以防止干扰，如连接线折断，则会出现干扰，位移计数快，显示急剧变化。

（6）主机台面应定期（南方地区一周左右，北方地区两周左右）喷洒防锈液（无防锈液普通机油也可）。台面禁止放水杯等杂物，禁止直接踩踏台面板，以防台面被锈蚀。

（7）更换夹块时，取下原夹块后，应先清理夹具体内部，特别是两斜面一定要清理干净。然后在夹块背面涂抹润滑脂，再按正确的方法将其放入夹具。

（8）实验结束时，有可能因为试样未拉断或试样表面硬度低，而出现夹具卸不开的现象。这时应该用铜或铝棒直接用力敲打夹块，就可以把试样卸下。

（9）试验机主机在搬运过程中，应保持直立状态（变速箱在下），禁止放倒，以免造成主机性能下降。

（10）在使用液压夹具时，在夹紧前，要注意垫片的位置，以防垫片错位，损坏夹具。在不使用时，应让夹具保持在夹紧位置。

6.2 电子蠕变疲劳试验机

RPL50型电子蠕变疲劳试验机（以下简称试验机）主要用于对金属材料进行高温拉伸、压缩蠕变、持久强度、松弛实验及单向拉伸或拉压过零低周疲劳和蠕变疲劳等长时力学性能实验，还可以进行高温短时拉伸实验。

6.2.1　主要技术指标

1. 主机

（1）最大实验力：静态 50 kN、动态 ±50 kN。

（2）实验力测量误差：±0.5%示值（从最大实验力 1%开始）。

（3）实验力控制稳定性：不大于 ±0.5%示值。

（4）变形测量范围：静态实验 0 ~ 10 mm；动态实验 ±3 mm。

（5）变形测量误差：静态采用光栅位移传感器为 ±0.003 mm，动态采用陶瓷杆应变式引伸计为 ±0.5%FS。

（6）动态实验频率：0.01 ~ 0.5 Hz。

（7）动态实验波形：斜波、三角波、梯形波、余弦波。

（8）拉杆最大行程：150 mm。

2. 静态实验用高温炉

（1）工作温度：300 ~ 1 100 ℃。

（2）温度控制波动度：不大于 ±2 ℃。

（3）温度梯度：不大于 3 ℃。

（4）均热带长度：150 mm。

3. 圆棒试样高温夹具及变形测量引伸杆

（1）使用温度：300 ~ 1 000 ℃。

（2）结构形式：符合 GB/T 2039—2012 标准。

（3）圆棒试样尺寸：ϕ10 mm × 100 mm 两端螺纹 M16。

4. 板材试样高温夹具及变形测量引伸杆

（1）使用温度：300 ~ 1 000 ℃。

（2）结构形式：符合 GB/T 2039—2012 标准。

（3）板材试样尺寸：（1 ~ 3）mm × 15 mm × 100 mm（厚 × 宽 × 长）。

5. 动态实验用高温炉

（1）工作温度：300 ~ 900 ℃。

（2）温度控制波动度：不大于 ±2 ℃。

（3）温度梯度：不大于 3 ℃。

（4）均热带长度：50 mm。

6. 圆棒试样拉压低周疲劳实验高温夹具

（1）使用温度：300 ~ 900 ℃。

（2）结构形式：机械式。

（3）圆棒试样尺寸：ϕ5 mm 两端螺纹 M12、ϕ10 mm 两端螺纹 M16 两种。

7. 动态实验用高温引伸计

（1）使用温度：300～900 ℃；

（2）变形测量范围：±3 mm，标距25 mm。

（3）变形测量误差：±0.5%。

8. 电源

单相220 V，1 kW（主机）；高温炉，三相380 V，3 kW。

9. 外形尺寸

730 mm×550 mm×2 200 mm。

6.2.2 原理与结构概述

RPL50型电子蠕变疲劳试验机，是采用无间隙机电伺服系统加载，并由德国多利公司EDC222型数字控制器控制的新型试验机。试验机由主机、数字控制器、高温炉及温度控制系统、高温夹头及变形测量引伸计等构成。高温炉通过支承架固定在主机的台面上。

1. 主机

主机的结构如图6-14所示。加载机架是一个由上横梁、中台板、底板及两根支柱和四根角钢支承起来的门形框架。测力传感器固定在上横梁上，在中台板和底板上安装着加载驱动系统。上横梁可沿两根支柱上下移动，位置调好后，用胀紧套紧固在支柱上。

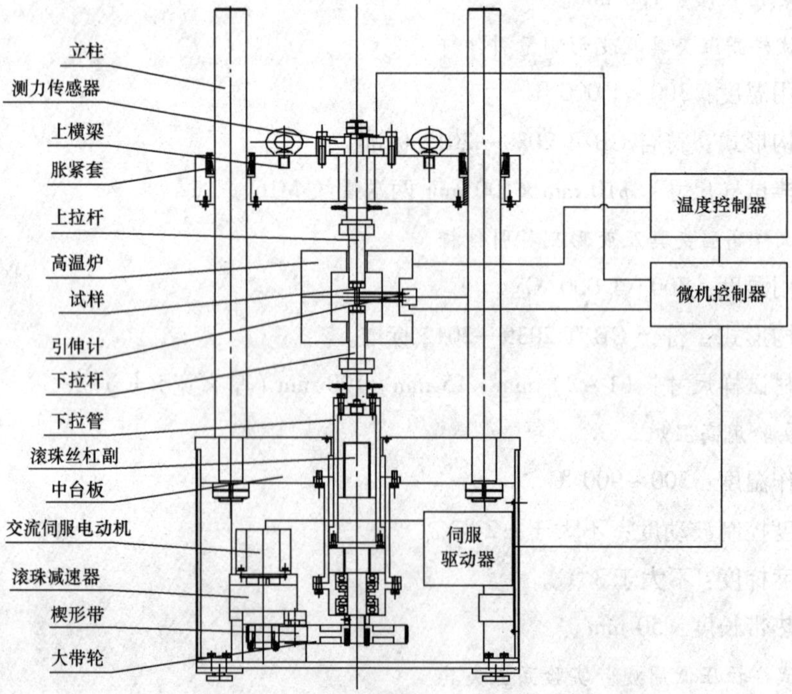

图6-14　试验机结构示意图

加载驱动系统由交流伺服电动机、零间隙滚珠减速器、楔形带传动、滚珠丝杠副、拉管、支承管及导向臂等构成。交流伺服电动机直接连接在滚珠减速器上，在减速器输出轴上用胀紧套固定一小带轮，通过楔形带带动滚珠丝杠副下端的大带轮转动，由此带动滚珠丝杠副旋转。加载拉管固定在滚珠丝杠副的螺母上，滚珠丝杠副由一对向心轴承和一对止推轴承固定在支承管上，在拉管上安装一个导向臂，其上装有两个轴承，可沿固定在机架中台板上的导向杆上下移动，但不能转动。这就使拉管在滚珠丝杠副旋转时只能上下移动，而不发生转动。

单向拉伸实验时，在测力传感器下端及拉管上端各装有一个万向节，用以消除上下拉杆同轴度偏差的影响。

主机上横梁的移动，是靠加载的下拉管上下移动来带动的。上横梁要上升时，将下拉管降至合适位置，再将移动上横梁用的顶杆放到下拉杆上摆正，控制下拉杆上升，使顶杆与上拉杆轻轻接触，托住上横梁；然后松开上横梁与两根立柱间的胀紧套，使下拉管上升，带动上横梁上升直到接近上限位置后停止；再将上横梁与两根立柱间的胀紧套套紧，下降下拉管至接近下限位置，将第二根顶杆拧到第一根顶杆上；再上升下拉管至顶杆与上拉杆轻轻接触后将上横梁与两根立柱间的胀紧套松开，最后使下拉管上升带动上横梁上升到所需位置后，将上横梁与两根立柱间的胀紧套套紧。如加两根顶杆位置还不够，还可加第三根顶杆。

上横梁下升时的操作与上升类似，只不过顺序相反。

2. 测量控制系统

本试验机的测量控制系统采用德国 DOLI 公司生产的 EDC222 型数字控制器。负荷测量采用高精度负荷传感器，变形测量采用光栅变形传感器。EDC222 型数字控制器具有负荷、变形、位移的测量和控制功能，它与日本松下公司生产的交流伺服驱动器组合在一起，对加载机构的交流伺服电动机进行控制。拉杆移动到上下限位置时，会自动停止移动，有声音报警，同时 EDC222 型控制器的功率放大器和交流伺服系统自动停止工作。

3. 高温夹头和变形测量引伸计

本试验机配置两类四套高温夹头及变形测量引伸计：

一类是主要用于静态实验的高温拉杆夹头及变形测量引伸计，包括适合于圆棒试样和板材试样两种。

该种夹头和引伸计在测力传感器下端及拉管上端各装有一个万向节，用以消除上下拉杆同轴度偏差的影响。伸入高温炉内的夹头采用热强钢制成，与试样通过螺纹连接。在试样的标距两端各有一个凸台，测量变形的引伸杆的两半部用锥套卡在试样的凸台上。在两侧引伸杆的下端各装一支测量变形的传感器——差动变压器。

另一类是主要用于动态过零循环实验的高温拉杆夹头及陶瓷杆变形测量引伸计，也包括适合于圆棒试样和板材试样两种高温拉杆夹头。适合于圆棒试样高温拉杆夹头是将用于静态实验的上下万向节拿下，将上拉杆用螺母紧固在测力传感器上，将下拉杆用螺钉紧固在拉管上，在上下拉杆上又通过一个大锁紧螺母固定一个带消隙螺母的高温夹头。两端带螺纹的试样拧入消隙螺母的螺纹孔，并使其凸出一小部分，再将带有试样的消隙螺母拧入高温夹头中锁紧，消除试样和高温夹头螺纹连接的间隙。

用于动态实验的变形测量引伸计是一种带陶瓷杆的应变式引伸计，其结构就是将常温应变式引伸计的两个测量臂拿掉，装上两个带水冷压块的陶瓷杆，陶瓷杆两端均磨成锥角。该引伸计靠固定在试验机一根立柱上的引伸计安装架上的两个弓形弹簧顶靠在试样上。

为防止热量传到测力传感器和引伸计上，上下拉杆都采用水冷，带陶瓷杆的应变式引伸计也采用水冷，由带水泵的冷却水箱供水。

4. 高温炉及温度控制系统

本试验机带两种高温炉：一种是主要用于静态实验的圆筒对开式高温炉，另一种是主要用于动态实验的短式缺口高温炉。这两种高温炉均采用三段电阻丝加热，外壳用不锈钢制成，保温材料为陶瓷棉。温度控制采用同一台温控器。用于静态实验的圆筒对开式高温炉，固定安装在试验机台面上的炉架上。用于动态实验的短式缺口高温炉，固定安装在试验机一根立柱上的炉架上。根据不同的实验要求，可以选择其中的一种。

6.2.3 安装

1. 对实验室要求

试验机应安装在具备下列条件的实验室内：

（1）室温 30 ℃ ±10 ℃，相对湿度不大于 80% RH。

（2）无振动、无腐蚀性介质。

（3）工作时无强磁场干扰，周围空气无强对流。

（4）三相五线制电源，50 Hz，380 V，4 kW（单台），电源波动不大于 ±10%。

注意：地线必须可靠接于大地，不能不接地线或零线地线混接，否则有可能烧毁控制器或有触电危险。

2. 计算机控制软件安装

将软件系统安装盘插入相应的驱动器，运行 Setup. exe 文件，并按屏幕提示进行相应操作。安装完成后运行“MainMenu. exe”文件，进入系统程序。

3. 计算机系统硬件安装

在计算机断电情况下，将串口扩展卡插入相应的扩展槽，拧紧固定螺钉。将通信插头与相应的 EDC222 型控制器可靠接好。

注意：切勿带电插拔板卡与插头。

4. 主机安装

打开试验机包装箱后，应按装箱单检查配套是否齐全，运输过程中有无损坏。试验机运到实验室后，应首先擦掉包装时在有关部件上涂的防锈油脂，及运输过程中落的灰尘。

试验机应安装在稳固的地面上。主机定位后，应在机座四个调节水平度的支承螺杆下面放好垫铁，然后将 0. 02/1 000 精度的水平仪放到试验机台面上，通过调整四个调节螺杆，使试验机的水平度达到 0. 2/1 000。

将静态实验和动态实验用高温炉分别装在主机框架的炉架和主机立柱的炉架上，并调整好位置。

计算机应根据实验室情况，摆放到合适的位置，与主机的连线，应按标记插到相应的插座上。

6.2.4　实验操作规程

1. 实验前准备工作

根据实验类型选择高温炉、夹具并调整好上横梁高度。做静态持久、蠕变、松弛实验采用长高温炉及静态蠕变实验夹具；做动态低周疲劳、蠕变疲劳实验采用短高温炉及动态过零实验夹具。将选定的高温炉转到工作位置，并将相应的拉杆夹具安装到上横梁和下拉管上。

2. 实验操作规程

（1）打开计算机电源。

（2）按下主机上的电源开关，主机电源接通（EDC222 型控制器电源接通）。

（3）操作 EDC222 型控制器，选择实验参数类型（1 或 2）后进入 Creep Test 操作界面并设置好各项参数，按下 F3 键接通伺服驱动器电源；手动安装好试样和引伸计，将 EDC222 型控制器负荷指示清零，此后负荷不再做清零操作，调节拉杆位置，插入下拉杆插销。

（4）手动对试样加一小预负荷，然后调节引伸计上的调零螺钉使对应的变形传感器显示基本为零。

（5）打开高温炉温度控制器的电源开关，把温控仪表的温度设定在 30 ℃以下。同时开启冷却水循环系统。

（6）运行 CCPS-5.0 实验程序，并设定好各项实验参数。

（7）单击计算机屏幕上的“启动”按钮，开始实验。

（8）预负荷加载后，打开温控器上加热开关，开始升温。

（9）温度保持时间到后，在 EDC222 型控制器的控制下，实验按设定的程序进行。

（10）当满足设定的实验停止条件时，实验会自动停止。单击计算机屏幕上的“停止”按钮，退出实验状态。

（11）手动卸掉作用到试样上的荷载，将下拉杆与下万向节的连接销拔掉，然后将高温炉断电降温。

做动态实验时，实验停止后应再进入到一个施加负荷实验程序，使试样一直保持在预负荷状态，然后再关闭温控器加热开关，使高温炉降温，温度降到 30 ℃后再停止主机实验。

（12）关掉主机电源、计算机电源、温度控制器电源。

6.2.5　操作、维护注意事项

（1）控制拉杆上、下限位置的限位开关，应根据高温炉的位置和试样装夹情况，调到合适的位置，当拉杆移动时，不致使下拉杆撞到高温炉上，损坏零部件。

（2）当实验时遇到紧急情况，可立即按下 EDC222 型控制器面板上的红色急停按钮，使拉杆立即停止运动。顺时针旋转可使其复位。

（3）应经常保持试验机清洁，台面及两根立柱应保持干燥，立柱上应经常用油抹布擦，防止生锈，下拉管与导向铜套处应定期用油壶加注润滑油。

（4）做静态实验停止时一定要先将下拉杆与万向节间的插销拔掉，然后才可以降温，做动态实验时，使试样一直保持在预负荷状态，然后关闭温控器加热开关使高温炉降温，温度降到 30 ℃后再停止主机实验。否则由于试样冷却收缩有可能使力传感器过载损坏。

（5）当意外断电时，为防止温度降低，试样、拉杆收缩造成试样断裂或传感器超载，可将上横梁测力传感器上上拉杆的紧固螺母松开，使试样上的力卸掉。

（6）高温引伸计在拉伸过程中不应与高温炉膛各部分接触。

（7）高温引伸计使用后，注意保护，防止撞击产生变形和部件连接松动。

（8）拉伸实验时，注意引伸计最大移动范围。

（9）禁止带电插拔 EDC222 型控制器上各插头。

（10）不要随意改动 EDC222 型控制器数据设置。

（11）本系统的计算机是控制专用，不要在此机器上安装游戏、玩游戏；也尽量不要安装其他软件。

（12）做实验过程中，不要触摸高温炉、高温引伸计、高温拉杆等。

（13）差动变压器超限再次调整时，尽可能地小力量水平旋转顶丝，调整完一定要锁紧顶丝，每一次调整幅度不能大于一个变形报警极限值。

（14）在升温时间没有要求时，尽可能减小高温炉的输出功率，延长高温炉的使用寿命。

6.3 XH180 型 *G* 值测定试验台

6.3.1 用途

本机用途为测定低碳钢的剪切弹性模量 G。

6.3.2 设备和仪器

如图 6-15 所示，G 值测定试验台构成如下：试样右端通过压板固定在支架上，左端穿过轴承并固定在支架上，力臂通过砝码加载，力臂右端支一转角臂，通过百分表测量转过的距离。

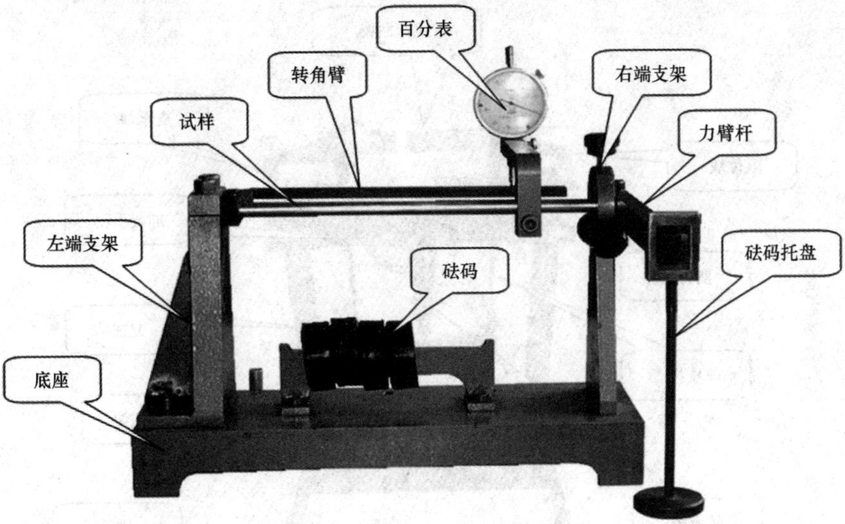

图 6-15　G 值测定试验台

试样直径 $d=(10\pm0.01)$ mm，标距 $l=220$ mm，表臂 130 mm，力臂 200 mm。砝码 5 个，每个重 $\Delta F=4.9$ N；$E=206$ GPa 左右，$\mu=0.28$。

6.4　BWQ-1A 型纯弯曲梁实验装置

纯弯曲梁实验装置是专为力学实验室教学制作的。它可完成力学教学大纲中的纯弯曲梁正应力分布规律实验，梁材料的 E、μ 测定实验，应变片灵敏度系数标定实验，叠梁、复合梁正应力分布规律实验。

6.4.1　结构组成

如图 6-16 所示，纯弯曲梁实验装置由纯弯曲梁（应变片已贴好）、支承框架、加载装置（蜗轮手动）、力传感器、承力下梁、支座、加载杆、测力仪组成。纯弯曲梁为低碳钢，弹性模量 E 约为 210 GPa，泊松比 μ 为 0.28。

6.4.2　特点

该装置移动方便、数字显示、结构简洁、加载方便、测量准确，并且有报警功能。

6.4.3　使用说明

开箱后将该装置上的传感器插头连接到测力仪或综合测试仪上进行操作。

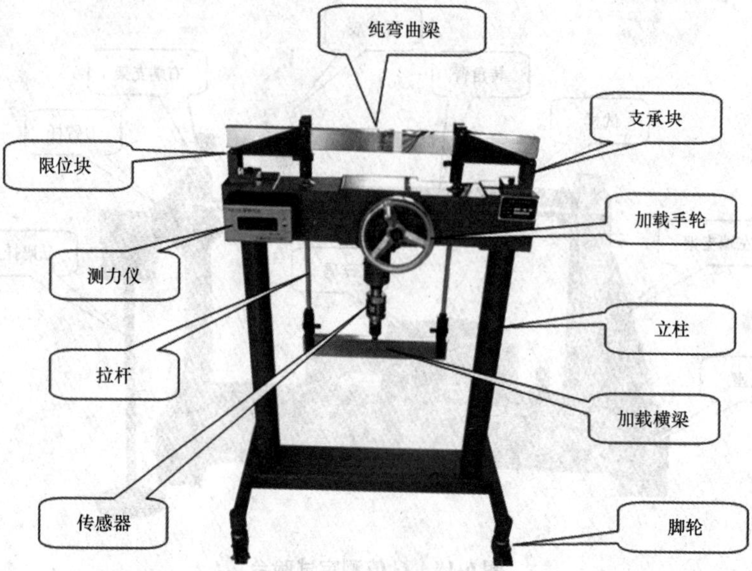

图 6-16　纯弯曲梁实验装置

1. 实验步骤

（1）将数字测力仪开关置开，预热 10 min，并检查该装置是否处于正常运行状态。

（2）将应变片按实验要求接至应变仪。

（3）对每片应变片用零读法，预调平衡或记录下各应变片的初始读数；仪器进行调零。

（4）加载方向请参照手轮上方的标牌，逆时针为加载，顺时针为卸载，首先预加载 400 N，对应变片的读数进行清零。然后分级加载，以每级 1 000 N，加至 4 400 N，记录各级荷载下各应变片的应变读数（也可根据实验需求，另定加载方案）。

（5）实验完毕，卸去荷载，将测力仪开关置关。

（6）根据实验要求进行数据处理。

2. 注意事项

（1）每次实验时，必须先打开测力仪，方可旋转手轮，以免损坏实验装置（如传感器、纯弯曲梁等）。

（2）每次实验完，必须卸载，即测力仪显示为零，再将测力仪关闭。

（3）该装置只允许加 4 500 N 荷载，超载会报警，以防损坏实验装置。

6.4.4　贴片方式

纯弯曲梁贴片方式如图 6-17 所示，双面贴片两组对称布置 1 ~ 8 号片为第一组，应变片位置如图所示，8 号片垂直于 1 号片。其导线连接方法是：1 号片接棕色线，2 号片接红色线，3 号片接橙色线，4 号片接黄色线，5 号片接绿色线，6 号片接蓝色线，7 号片接紫色线，8 号片接灰色线，如有颜色不同以实际为准。

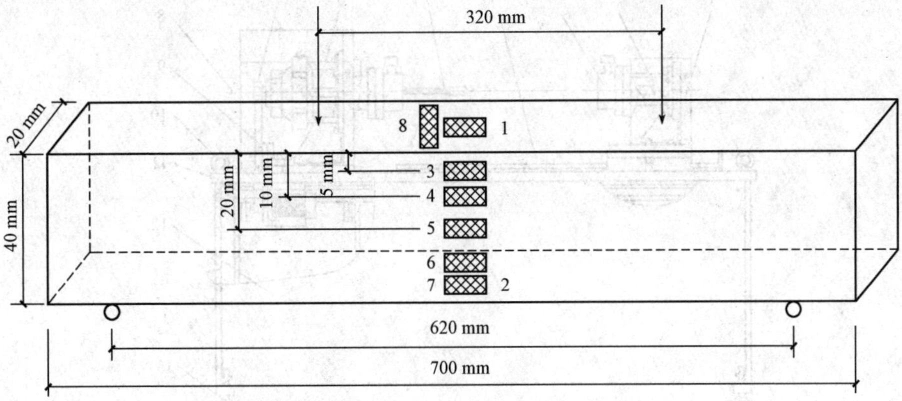

图6-17　纯弯曲梁贴片方式

1号片和2号片分别位于梁的正上方和正下方，3号片、4号片和5号片分别距顶部5 mm、10 mm、20 mm，6号片和7号片分别距底端10 mm、5 mm，8号片位于梁的上部与1号片垂直横向位置。由电阻应变仪所测到的1、3、4号片的应变成线性关系。

6.5　扭转试验机

扭转试验机用于金属或非金属材料及零部件的扭力学特性实验，如材料扭转破坏、扭转切变模量、多步骤扭矩。该机配扭角计可测量切变模量、规定非比例扭转应力，具有控制精度高、对环境适应性高、实验方法灵活等特点。

6.5.1　主要技术指标

（1）扭矩测量范围：量程的1%～100%。

（2）扭矩测量精度：示值相对误差≤±0.5%。

（3）扭矩测量分辨率：320 000码。

（4）扭角显示范围：无限。

（5）扭角显示精度：±0.5%。

（6）扭角显示分辨率：0.002°。

（7）主动夹头转速：0.1°～1 000°/min，无级可调。

（8）扭转方向：正反两个方向。

6.5.2　各部件名称及术语

扭转机各部件名称如图6-18所示。

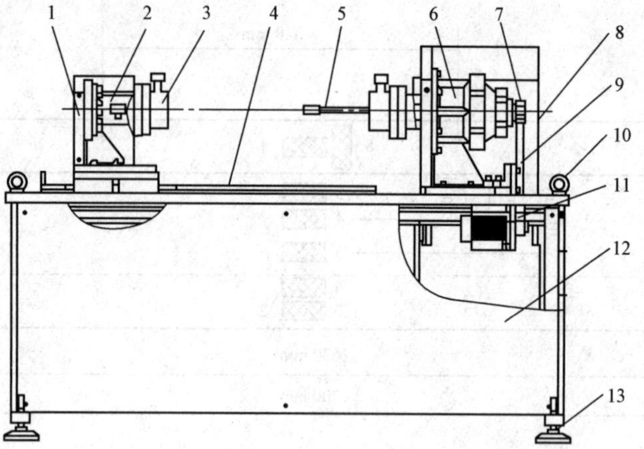

图 6-18　扭转机

1—尾座；2—扭矩传感器；3—夹具；4—直线导轨；5—试样；6—减速机；7—同步带轮；
8—减速机罩；9—同步皮带；10—吊环；11—伺服电动机；12—机架；13—地脚

6.5.3　夹具及试件

1. 夹具

夹具采用定位套定位，螺钉带动滑块加紧的夹持方式，能够使试样具有良好的同轴性，夹持可靠，装夹极为方便。扭转夹具分别安装在减速机的法兰盘上和传感器上。夹具结构和定位套如图 6-19、图 6-20 所示。

图 6-19　夹具结构

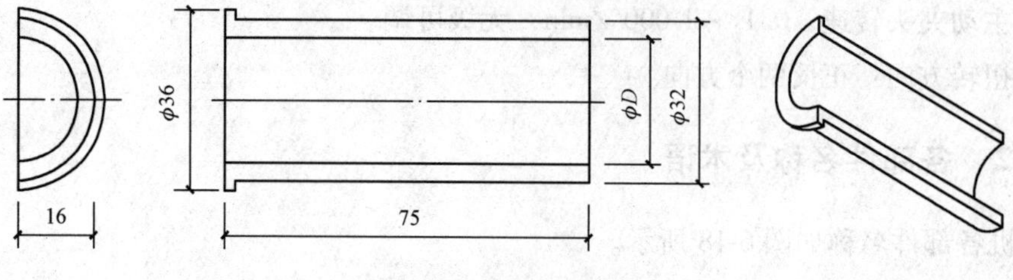

图 6-20　夹具定位套

定位套的夹持范围共分为 5 档，见表 6-1。

表 6-1　定位套的夹持范围

序号	夹持段直径/mm	标距段直径范围（$\varphi_{min} \sim \varphi_{max}$）/mm
1	10	4 ~ 8
2	15	8 ~ 12
3	20	12 ~ 16
4	25	16 ~ 20
5	32	20 ~ 26

2. 夹具的安装

夹具的安装见表 6-2。

表 6-2　夹具的安装

部件名称	安装方法	
	正确	禁止
扭转夹具	将一个夹具水平方向端平，并倚靠在主动端的法兰盘上，同时对准法兰盘上的定位孔，然后用螺钉将其固定。另一个夹具安装在扭矩传感器上，安装方法同上	严禁暴力安装； 扭转夹具没有固定

3. 试件的安装

为保证工作过程中试样夹持部分不会产生相对滑动和实验可靠性，在试样装夹过程中应特别注意。试样装夹时会产生初始扭矩，尽可能减小初始扭矩，因此建议操作者按以下步骤来装夹试样：

（1）电源接通，启动计算机并先运行试验机软件。

（2）旋转螺钉将滑块调到适当的位置，选择合适的定位套，放入两夹头之间。

（3）将试样一端装入静夹头，旋紧夹紧螺钉，对试样进行初夹紧，推动尾座到适当位置。

（4）设定转速，单击“正转”或“反转”按钮转动主动夹头到合适的位置（与静夹头处于同一角度位置），将试样另一端装入动夹头，旋紧夹紧螺钉，试样两端交替进行，最终将试样可靠夹紧；

（5）将试样夹紧后，即可开始准备做实验。

6.5.4　实验步骤

（1）在计算机桌面双击 TestExpert. NET 图标，如图 6-21 所示，启动实验软件。或执行“开始”—“程序”—“TestExpert. NET”命令。

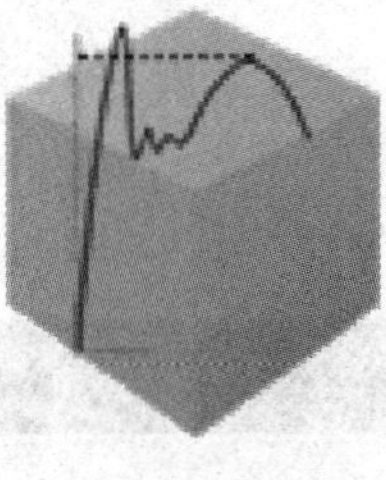

图 6-21　TestExpert. NET 图标

（2）软件启动界面显示实验软件名称、当前版本号及单位名称等信息，如图 6-22 所示。

图 6-22　软件启动界面

（3）选择登录用户名，输入密码登录软件，如图 6-23 所示；成功登录后进入软件主界面，如图 6-24 所示。

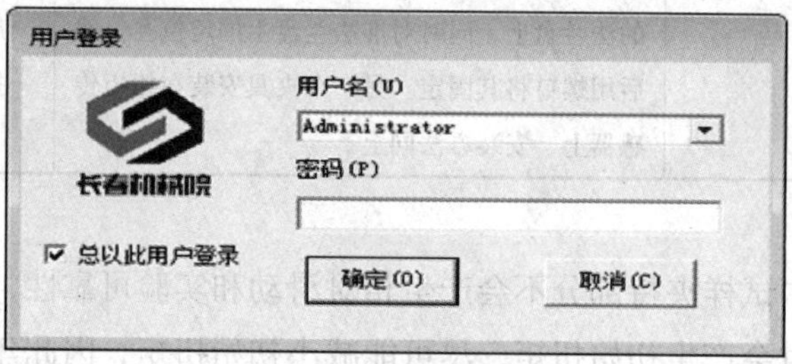

图 6-23　用户登录界面

图 6-24　软件主界面

(4) 打开控制器电源，控制器进入初始化和调整状态，为联机做准备。

(5) 读出实验方法：一种是从“方法”菜单下面的最近文件列表中选择，如图 6-25 所示；一种是执行该菜单下“查询”命令，进入方法查询界面，如图 6-26 所示，使用简单查询或复合查询方式在数据库中查询已经设置好的实验方法，双击该方法即可打开。

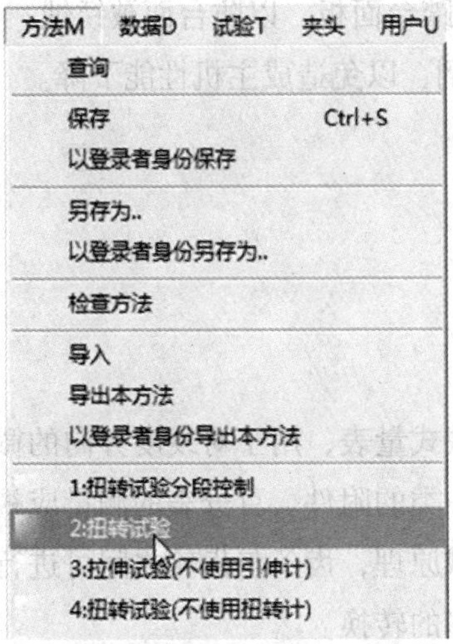

图 6-25　列表选择

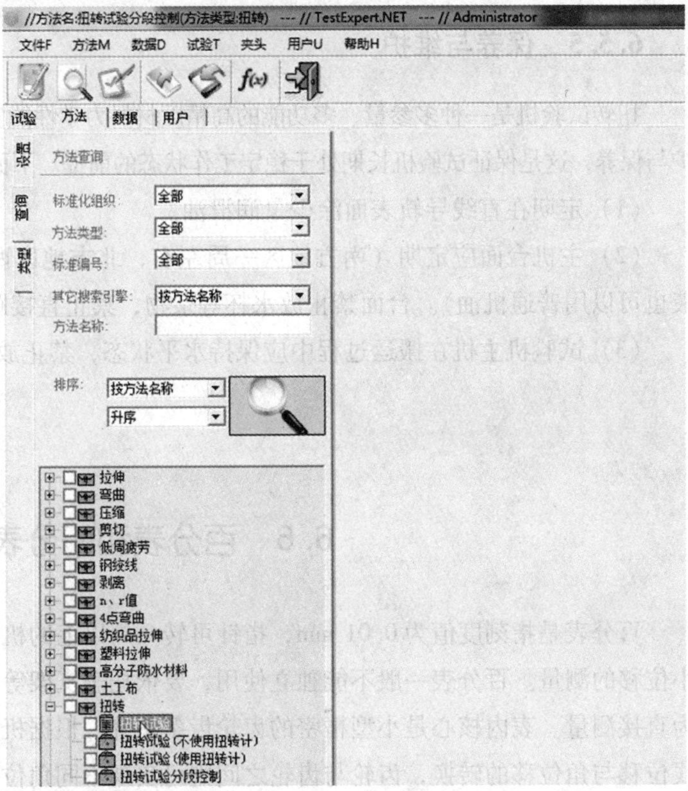

图 6-26　查询界面

(6) 切换到“方法定义”，检查当前打开的实验方法参数设置，修改参数后进行保存或者另存。

(7) 切换到“实验操作”，单击软件主界面左侧“联机”按钮，不同的控制器联机等待时间不同，联机成功后，各个通道显示实时数据，否则会给出一些错误信息。

(8) 单击“启动”按钮：启动前按钮呈现灰色；启动成功后，按钮呈现亮绿色。此时左侧操作按钮呈现高亮可用状态。

(9) 使用手控盒或操作按钮旋转动夹头，安装试样。与夹头转动有关的操作按钮（以绝对零点位置为参考）包括：快速移动到指定位置按钮；控制夹头顺时针旋转按钮；控制夹头逆时针旋转按钮；非实验状态控制夹头停止，实验状态控制实验暂停按钮；非实验状态控制夹头停止，实验状态控制实验结束按钮。

(10) 各通道清零：软件可以设置自动清零；或者手动清零，在各通道的显示表头上右击，弹出一个快捷菜单，选择“清零”命令即可。

（11）单击“开始实验”按钮开始实验。注意：如果无意中启动了一个没夹试样的实验，或实验过程中出现异常，应强制结束实验。

（12）软件检测到试样断裂，会自动结束本次实验，提示输入实验名，输入后数据将被存入数据库。

6.5.5 保养与维护

扭转试验机是一种多参量、多功能的高精度材料力学性能实验检测设备，所以必须经常性维护与保养，这是保证试验机长期处于稳定工作状态的前提。下面是保养与维护试验机的方法。

（1）定期在直线导轨表面涂少量润滑油。

（2）主机台面应定期（南方地区一周左右，北方地区两周左右）喷洒防锈液（无防锈液也可以用普通机油）。台面禁止放水杯等杂物，禁止直接踩踏台面板，以防台面被锈蚀。

（3）试验机主机在搬运过程中应保持水平状态，禁止放倒，以免造成主机性能下降。

6.6 百分表和千分表

百分表是指刻度值为 0.01 mm，指针可转一周以上的机械式量表，用于对线度方向的微小位移的测量。百分表一般不能独立使用，要依托表支架等一类的附件。百分表的测量应视为直接测量。表内核心是小型精密的齿轮齿条系统。根据机械原理，齿条与齿轮之间可进行线位移与角位移的转换，齿轮与齿轮之间则可实现不同角位移的转换。

6.6.1 构造原理

如图 6-27 所示，表的基本原理为测杆上、下移动，带动指针转动，将测杆轴线方向的位移量转变为百分表的读数。百分表的分度值为 0.01 mm，表盘圆周刻线有 100 条等分刻线。因此，百分表的齿轮传动系统应使测量杆移动 1 mm，指针回转一圈。百分表的示值范围有 0 ~ 3 mm、0 ~ 5 mm、0 ~ 10 mm 三种。

百分表一般与其他仪器配合使用，例如，与球铰式引伸仪、蝶式引伸计等一并使用，成为引伸计的一个有机组成部分。

6.6.2 数据读取

（1）为了读数方便，表盘刻度按顺时针、逆时针双方向给出数值刻字，直接从表盘的刻度认读测杆轴线方向的位移大小。轻轻旋动表盘刻度面，以使刻度值的“0”位与指针对齐，实验发生测杆方向位移，其大小直接由指针指出数值；若不对“0”位，则以实验时指针扫过的实际格数，也就是由读数差值得出位移大小。指针转过一圈时，表盘中的小圆表的

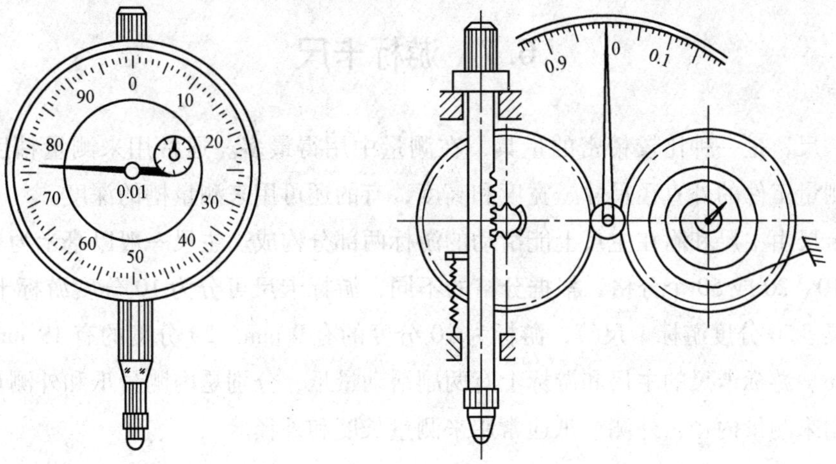

(a)　　(b)

图 6-27　百分表的构造

（a）百分表；（b）转动原理

指针会转过一格，表示位移已达 1 mm。

（2）百分表测量误差的最大值限定在最小读数范围内，即 0.01 mm 以下。

（3）在弹性模量 E 的测定和切变模量 G 的测定等实验中会用到百分表。

6.6.3　注意事项

（1）将表固定在表盘或表架上，稳定可靠。装夹指示表时，夹紧力不能过大，以免套筒变形卡住测杆。

（2）调整表的测杆轴线垂直于被测平面，对圆柱形工件，测杆的轴线要垂直于工件的轴线，否则会产生很大的误差并损坏指示表。

（3）测量前调零位。绝对测量用平板做零位基准，比较测量用对比物（量块）做零位基准。

调零位时，先使测头与基准面接触，压测头使大指针旋转大于一圈，转动刻度盘使零刻度与大指针对齐，然后把测杆上端提起 1 ~ 2 mm，再放手使其落下，反复 2 ~ 3 次后检查指针是否仍与零刻度线对齐，如不齐则重调。

（4）测量时，用手轻轻抬起测杆，将工件放入测头下测量，不可把工件强行推入测头下。表面显著凹凸的工件不用指示表测量。

（5）不要使测量杆突然撞落到工件上，也不可强烈振动、敲打指示表。

（6）测量时注意表的测量范围，不要使测头位移超出量程，以免过度伸长弹簧，损坏指示表。

（7）不要使测头测杆做过多无效的运动，否则会加快零件磨损，使表失去应有精度。

（8）当测杆移动发生阻滞时，不可强力推压测头，须送计量室处理。

6.7 游标卡尺

游标卡尺，是一种比较精密的量具，在测量中用得最多。通常用来测量精度较高的工件，它可测量工件的外直径尺寸、宽度和高度，有的还可用来测量槽的深度。

游标卡尺由主尺和附在主尺上能滑动的游标两部分构成。主尺一般以毫米为单位，而游标上则有10、20或50个分格，根据分格的不同，游标卡尺可分为10分度游标卡尺、20分度游标卡尺、50分度游标卡尺等，游标为10分度的有9 mm，20分度的有19 mm，50分度的有49 mm。游标卡尺的主尺和游标上有两副活动量爪，分别是内测量爪和外测量爪，内测量爪通常用来测量内径，外测量爪通常用来测量长度和外径。

6.7.1 游标卡尺的刻线原理与读数方法

以分度值0.02 mm的精密游标卡尺为例，如图6-28所示，这种游标卡尺由带固定卡脚的主尺和带活动卡脚的副尺（游标）组成。在副尺上有副尺固定螺钉。主尺上的刻度以毫米为单位，每10格分别标以1、2、3、…，以表示10、20、30、…（mm）。这种游标卡尺的副尺刻度是把主尺刻度49 mm的长度分为50等份，即每格为49/50 = 0.98（mm），主尺和副尺的刻度每格相差1 - 0.98 = 0.02（mm），即测量精度为0.02 mm。

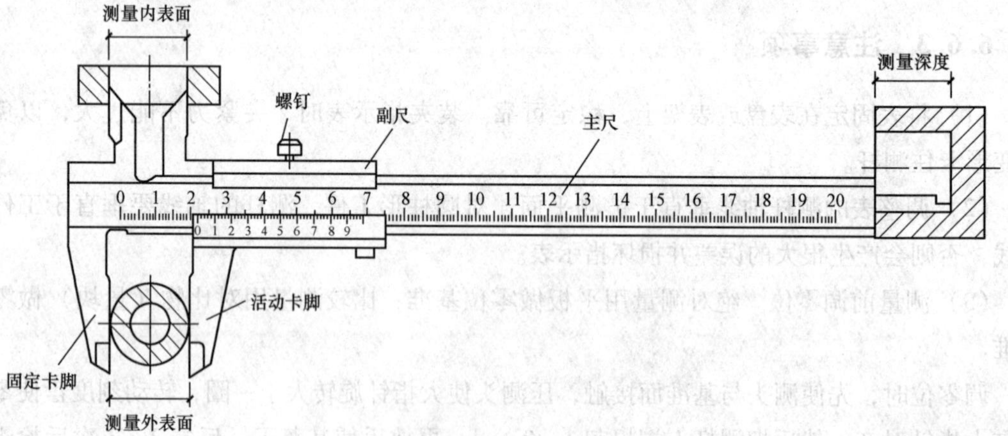

图6-28 游标卡尺

如果用这种游标卡尺测量工件，测量前用软布将量爪擦干净，使其并拢，查看游标和主尺身的零刻度线是否对齐。如果对齐就可以进行测量，测量时，右手拿住尺身，大拇指移动游标，左手拿待测外径（或内径）的物体，使待测物位于外测量爪之间，当与量爪紧紧相贴时，即可读数，读数时首先以游标零刻度线为准在主尺上读取毫米整数，即以毫米为单位的整数部分。然后看游标上第几条刻度线与尺身的刻度线对齐读取小数部分，读数结果为L = 整数部分 + 小数部分。游标卡尺的使用如图6-29所示。

读数方法可分为三个步骤：

（1）读取整数部分：根据游标零刻度线以左的主尺上的最近刻度线读出整毫米数 A。

（2）读取小数部分：找出游标上与主尺上某条刻度线对齐的第 N 条刻度线，然后根据游标卡尺的种类确定每分度的值 u（10 分度尺为 0.1 mm，20 分度尺为 0.05 mm，50 分度尺为 0.02 mm），算出游标上计出的值 $B = N \times u$。

（3）将上面所得整数部分与小数部分加起来，即总尺寸 $L = A + B$。

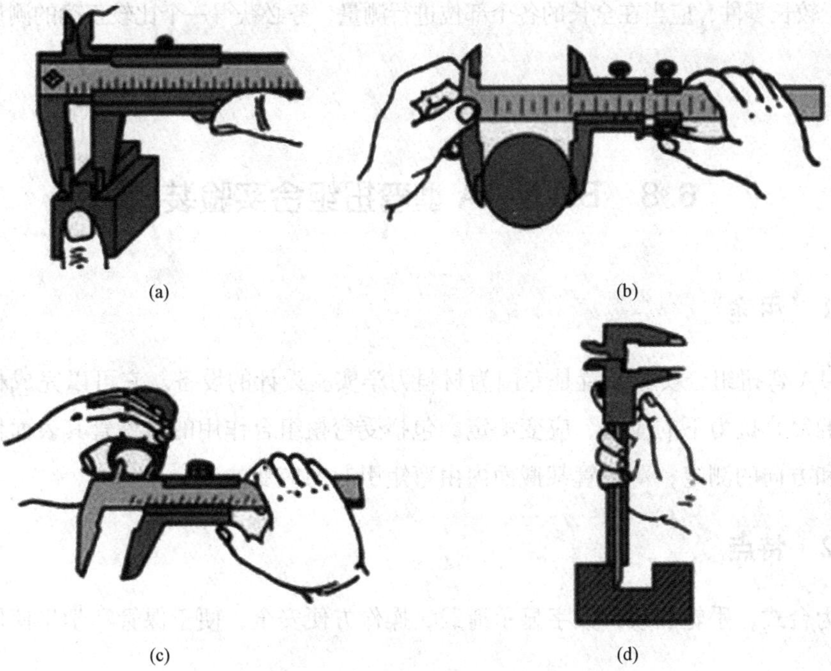

图 6-29　游标卡尺的使用

（a）测量工件宽度；（b）测量工件外径；（c）测量工件内径；（d）测量工件深度

6.7.2　注意事项

（1）游标卡尺是比较精密的测量工具，要轻拿轻放，不得碰撞或跌落地下；使用时不要用来测量粗糙的物体，以免损坏量爪；避免与刃具放在一起，以免刃具划伤游标卡尺的表面；不使用时应置于干燥、中性的地方，远离酸、碱性物质，防止锈蚀。

（2）测量前应把卡尺擦干净，检查卡尺的两个测量面和测量刃口是否平直无损，把两个量爪紧密贴合时，应无明显的间隙，同时游标和主尺的零位刻线要相互对准。这个过程称为校对游标卡尺的零位。

（3）移动尺框时，活动要自如，不应过松或过紧，更不能有晃动现象。用固定螺钉固定尺框时，卡尺的读数不应有所改变。在移动尺框时，不要忘记松开固定螺钉，也不宜过松以免掉落。

（4）用游标卡尺测量零件时，不允许过分地施加压力，所用压力应使两个量爪刚好接触零件表面。如果测量压力过大，不但会使量爪弯曲或磨损，且会使量爪在压力作用下产生弹性变形，使测量得到的尺寸不准确（外尺寸小于实际尺寸，内尺寸大于实际尺寸）。

（5）在游标卡尺上读数时，应把卡尺水平拿着，朝着亮光的方向，使人的视线尽可能和卡尺的刻线表面垂直，以免由于视线的歪斜造成读数误差。

（6）为了获得正确的测量结果，可以多测量几次。即在零件的同一截面上的不同方向进行测量。对于较长零件，应当在全长的各个部位进行测量，务必获得一个比较正确的测量结果。

6.8 BWN-1A 型弯扭组合实验装置

6.8.1 用途

BWN-1A 弯扭组合实验装置是专门为材料力学实验设计的设备。它可以完成材料力学教学大纲中的复合抗力下的应力、应变测定，包括受弯扭组合作用的薄壁管其表面任何一点主应力大小和方向的测定，薄壁管某截面内由弯矩引起的应变的测定。

6.8.2 特点

装置为台式，手轮加载，数字显示荷载，操作方便安全，便于保管和学生使用。

6.8.3 构造

装置如图 6-30 所示，它由薄壁管（已经粘贴好应变片）、扇臂、钢索、传感器、加载手轮、座体等组成。实验时，转动加载手轮，传感器受力，有信号输给数字测力仪，此时，数字测力仪显示的数字即作用在扇臂端的荷载值，扇臂端作用力传递至薄壁管上，薄壁管产生扭矩组合应变。

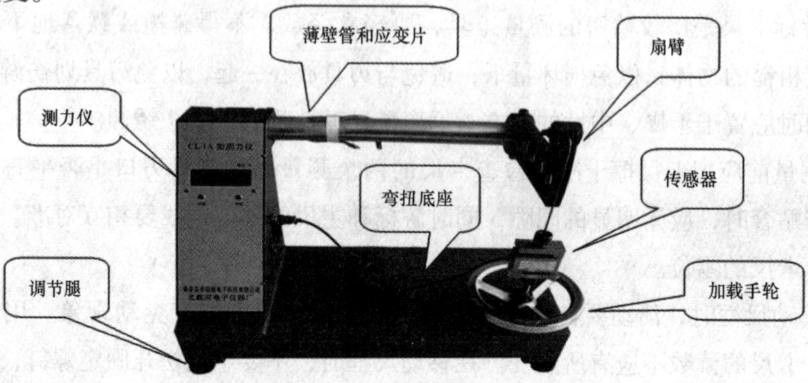

图 6-30 BWN-1A 型弯扭组合实验装置

薄壁管材料为铝合金，弹性模量 E 为 70 GPa，泊松比 μ 为 0.34。薄壁管截面尺寸如图 6-31（a）所示，图 6-31（b）所示为薄壁管受力简图和有关尺寸。Ⅰ-Ⅰ截面为被测试截面，取四个被测点，位置如图 6-31（a）所示的 A、B、C、D，在每个被测点上贴一枚应变片（$-45°$，$0°$，$45°$），共计 6 枚应变片，供不同的实验目的选用。

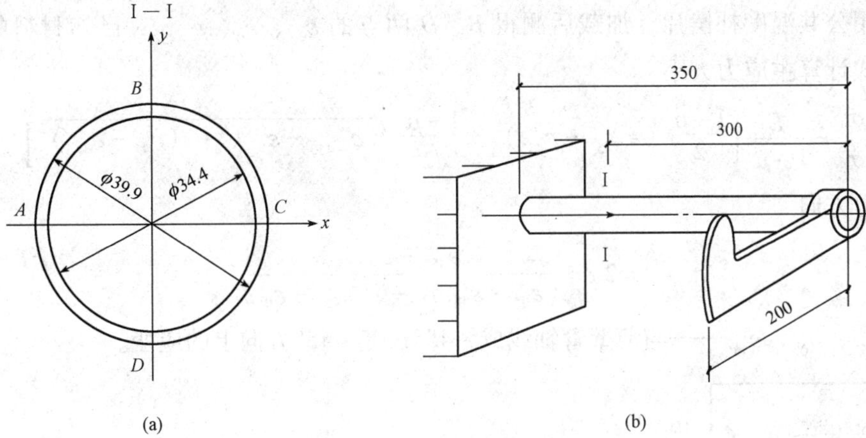

图 6-31　薄壁管截面尺寸及受力简图

（a）截面尺寸和应变片位置；（b）受力简图和有关尺寸

6.8.4　使用说明

开箱后将该装置上的传感器的五芯插头连接到相同编号的测力仪上。

1. 实验步骤

（1）将数字测力仪开关置开，预热 10 win，并检查该装置是否处于正常运行状态。

（2）将应变片按实验要求接至应变仪。

（3）逆时针旋转手轮，预置 50 N 初荷载。

（4）对每枚应变片用零读法预调平衡或记录下各应变片的初始读数。

（5）分级加载，以每级 100 N，加至 400 N，记录各级荷载下各应变片的应变读数（也可根据实验需求，另定加载方案）。

（6）实验完毕，卸去荷载，将测力仪开关置关。

（7）根据实验要求进行数据处理。

2. 注意事项

（1）每次实验时，必须先打开测力仪，方可旋转手轮，以免损坏实验装置（如传感器、薄壁管等）。

（2）每次实验完，必须卸载，即测力仪显示为零或出现“-”号，再将测力仪开关置关。

（3）该装置可加载 450 N，可超载 150 N，严重超载会损坏实验装置。

6.8.5 实验内容及方法

1. 指定点的主应力大小和方向的测定

如图6-32所示，将截面 B、D 两点的应变片 $R_1 \sim R_3$，$R_4 \sim R_6$ 按照单臂接法接入预调平衡箱，采用公共温度补偿片，加载后测得 B、D 两点的 ε_{45}、ε_0、ε_{-45°，已知材料的弹性常数可用下式计算主应力大小

$$\left.\begin{matrix}\sigma_1\\ \sigma_3\end{matrix}\right\} = \frac{E}{1-\mu^2}\left[\frac{1+\mu}{2}(\varepsilon_{-45^\circ}+\varepsilon_{45^\circ}) \pm \frac{1-\mu}{\sqrt{2}}\sqrt{(\varepsilon_{-45^\circ}-\varepsilon_{0^\circ})^2+(\varepsilon_{0^\circ}-\varepsilon_{45^\circ})^2}\right]$$

主应力方向

$$\tan 2\alpha = \frac{\varepsilon_{45^\circ}-\varepsilon_{-45^\circ}}{(\varepsilon_{0^\circ}-\varepsilon_{45^\circ})-(\varepsilon_{45^\circ}-\varepsilon_{0^\circ})}$$

式中 ε_{-45°，ε_{0°，ε_{45°——与薄壁管轴线成 -45°、0°、45° 方向上的应变。

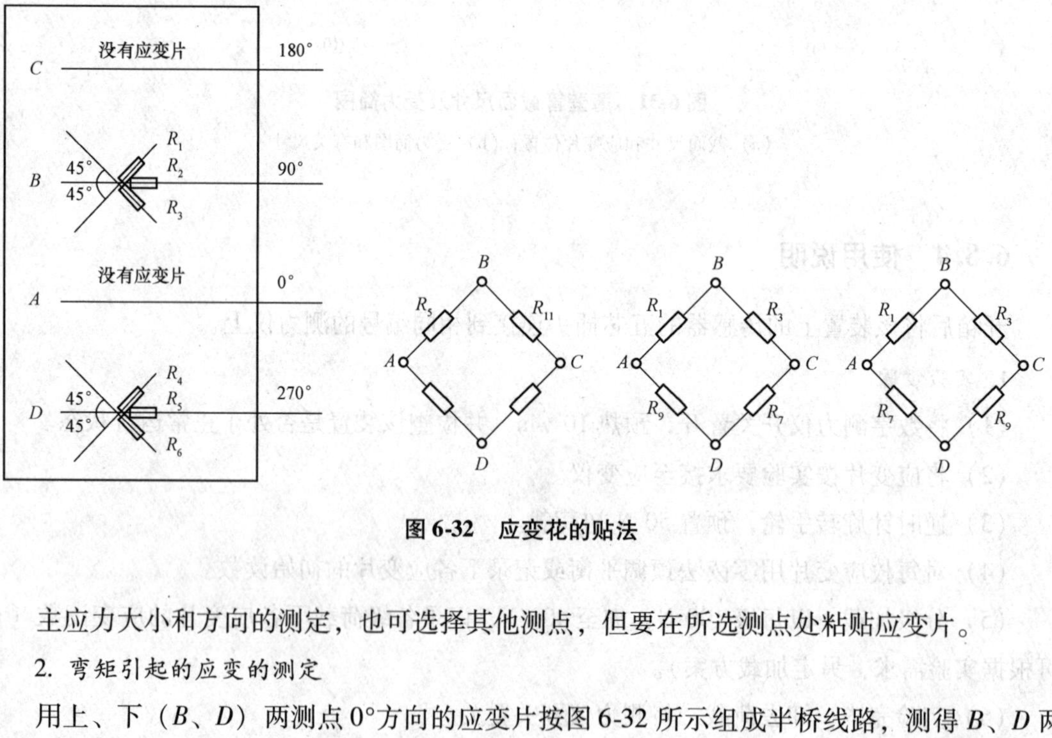

图6-32 应变花的贴法

主应力大小和方向的测定，也可选择其他测点，但要在所选测点处粘贴应变片。

2. 弯矩引起的应变的测定

用上、下（B、D）两测点0°方向的应变片按图6-32所示组成半桥线路，测得 B、D 两处由于弯矩 M 所引起的正应变

$$\varepsilon_M = \frac{\varepsilon_i}{2}$$

式中 ε_i——应变仪读数；

ε_M——由弯矩 M 所引起的轴线方向的应变。

6.9 摆锤式冲击试验机

6.9.1 试验机用途和性能特点

JB-300B 摆锤式冲击试验机是严格按《摆锤式冲击试验机的检验》（GB/T 3808—2018）开发的产品，按《金属材料夏比摆锤冲击试验方法》（GB/T 229—2007）对金属材料进行冲击实验。最大冲击能量为 300 J，并带有 150 J 摆锤一个。所用试样断面为 10 mm×10 mm，主要对冲击韧性较大的黑色金属，特别是钢铁及其合金进行实验。

该产品的实验原理是利用摆锤冲击前位能与冲击后所剩位能之差在度盘上显示出来的方式，得到所实验试样的吸收功。操作上采用半自动控制，操作简便、工作效率高，利用摆锤冲断试样后的剩余能量即可自动扬摆。在连续做试样的冲击实验时，更能体现其优越性。

6.9.2 主要技术规格

（1）冲击能量：300 J、150 J。

（2）度盘刻度范围及分度值见表 6-3。

表 6-3 度盘刻度范围及分度值

能量范围	0～300 J	0～150 J
每小格分度值	2 J	1 J

（3）摆锤力矩见表 6-4。

表 6-4 摆锤力矩

摆锤冲击能量	300 J	150 J
摆锤力矩	160.769 5 N·m	80.384 8 N·m

（4）摆锤预扬角：150°。

（5）主轴中心冲击点（试样中心）距离：750 mm。

（6）冲击速度：5.2 m/s。

（7）试样支座跨距：40 mm。

（8）试样支座端部圆弧半径：1～1.5 mm。

（9）试样支座支承面倾角：0°。

（10）冲击刃圆弧半径：2～2.5 mm。

（11）冲击刃夹角：30°±1°。

（12）冲击刃厚度：16 mm。

（13）试样规格：10 mm×10 mm×55 mm。

（14）试验机质量：约450 kg。

（15）试验机外形尺寸：2 124 mm×600 mm×1 340 mm。

（16）电源：三相四线制50 Hz、380 V、180 W（主电机）。

（17）工作条件：

①室温10～35 ℃。

②相对湿度不大于85%。

③周围无腐蚀性介质的环境。

④安装在厚度不小于150 mm的混凝土地基上或固定在大于880 kg的基础上。

⑤机座上安装基准面的水平度调至0. 2/1 000以内。

6. 9. 3 结构简介

JB-300型摆锤式冲击试验机如图6-33所示。

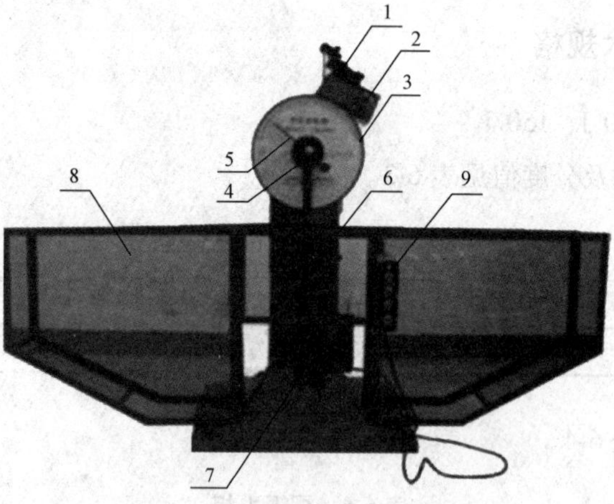

图6-33 JB-300型摆锤式冲击试验机

1—挂脱摆机构；2—保险；3—度盘；4—压紧螺母；5—指针；

6—挂钩；7—摆锤；8—防护网；9—按钮盒

6. 9. 4 电气控制原理

1. 取摆

按1AN按钮，通过继电器1J、2J、3J和离合器CH、接触器1C的动作，接通LD；摆锤扬至最高位置后，碰到微动开关1WK，电动机停转，其他电气线路复位，保险销伸出。

2. 退销

按2AN按钮，保险销退回。

3. 冲击

按4AN按钮，接通阀用电磁铁2DT、实现落摆冲击，并能使全部电气线路复位。

4. 自动扬摆

在接通电源后，伺服电动机 DS 一直逆时针旋转，这样它所拖动的接点 Kb 一直处于断开状态。当摆锤处于停止或落下方向转动时，Kb 接点也不可接通，当摆锤向扬摆方向转动时，并且它的转动角速度大于伺服电动机角速度时，Kb 接点接通，并使继电器 1J、2J 接通，当摆锤角速度逐渐下降至小于伺服电动机角速度时，Kb 接点断开，并使继电器 3J 动作，这时接通离合器 CH 和接触器 1C，使拖动电机转动，进行扬摆。开关 K2 为安全开关，按钮 3AN 为放摆按钮。

6.9.5　安装与试车

（1）拆箱清洗后，将试验机移到预先做好的基础上，用水平仪调整机座水平至 0.2/1 000 以内，紧固地脚螺栓。

（2）检查各部件是否完整无损，转动零件应灵活。

（3）接上三相四线制 50 Hz、380 V 电源。

（4）将按钮盒的插销插入插座。

（5）接通电源开关，指示灯应亮。

（6）按钮盒上的开关拨到“开”位置，按“取摆”按钮，主电动机转动（此时若发现摆锤顺时针转动，应停车，改变电源相位），电磁离合器应吸合，动力转至阻尼杆微动开关应处于放松状态，此时主电动机应停转，电磁离合器应脱开，保险销伸出，摆锤靠自重挂在挂脱摆机构上。需要冲击时，首先按“退销”按钮，然后按“冲击”按钮。当按“冲击”按钮时，阀用电磁铁通电，顶动挂脱摆机构脱摆，摆锤就落摆冲击→自动扬摆→挂摆，保险销伸出，当需要放摆时，按“放摆”按钮，保险销退回，阀用电磁铁通电，顶动挂脱摆机构向下转动，电磁离合器吸合，主电动机转动，摆锤顺时针方向回转，当转至铅垂位置时，放开按钮即可停摆。

（7）检查空击指针回零。摆锤位于垂直向下静止位置时，调整指针的位置，使指针位于 300（150）J 刻线，后经取摆、冲击后（不放冲击试样）指针应指在零刻度线处。

（8）摩擦损失的检测。此为摩擦所致的能量损失的检查。指针位置调好后，先按“取摆”按钮，取摆→挂摆，再按“退销”按钮，然后按住“冲击”按钮（或将开关拨向“关”），使摆锤来回空摆。当第一次摆到最高位置时，用手迅速将指针拨回到标度盘的左极限位置（注意不要触及指针和摆锤），待摆锤第二次重新将指针推到标度盘的右边后，即可记下此时指针所指示的数值，两次之差（第一次应为零）除以 2，即为冲击摆锤在一次摆动过程中摩擦损失的能量。对于 300 J 摆锤能量损失不应大于 1.5 J，对于 150 J 摆锤能量损失不应大于 0.75 J。

6.9.6　使用与维修

（1）开机使用时经空转运行（方法应严格按“安装与试车”中的（5）~（8）条进行），以检查机器是否正常，如果保险销不复位，需按“退销”按钮，使保险销复位。

（2）根据能量要求可选用300 J摆锤或150 J摆锤，换摆时先拧出压紧螺母，用拆卸器插入摆杆插头两侧的槽，拧动丝杠，顶住摆轴端面即可退出，换上需要的摆锤。

（3）摆锤挂钩与摆锤机构接触长应以3～4 mm为宜（出厂时已调好，用户不必再做调整。若需调整，则需移动挂钩的位置）。

（4）当摆锤在扬摆过程中尚未挂于挂脱摆机构上时工作人员不得在摆锤摆动范围内活动或工作，以免偶然断电而发生危险。

（5）摆轴两端轴承出厂时已加油，使用单位不必加油。经修理清洗后可加1、2滴缝纫机油或钟表油。其余动力轴承加凡士林或黄油。

（6）电磁离合器衔铁与磁轭之间距离以0.8～1.5 mm为宜（出厂时已调整好，使用单位不必再调整，如需调整时，先打开盖板，拧松调整螺母上的内六角螺钉，搬动调整螺母或搬动皮带轮使衔铁端面上3个钢球不接触磁轭端面即可。如断电情况下钢球擦着磁轭端面，会产生过大的能量损失。间隙调好后必须将内六角螺钉拧紧）。

（7）实验完毕后，按住“放摆”按钮，将摆锤落放至铅垂位置时，松开“放摆”按钮，切断电源。

6.9.7 读数与计算

指示机构的作用是将试验机的试样所吸收的功的大小指示出来。

摆锤对试样所做功的数值是按下面公式来计算的：

$$AK = PL\ (\cos\beta\cos\alpha)$$

式中 PL——摆动力矩；

α——冲击前摆锤扬角；

β——冲断试样后摆锤的升起角。

如果不计摩擦损失及空气阻力等因素，那么消耗于冲断试样的功的数值就等于前摆锤所具有的位能与冲击后摆锤所剩余的位能之差值。

由于冲击摆锤的力矩 PL 和冲击前摆锤扬角 α 均为常数，因而只要知道冲断试样后摆锤的升起角 β，即可根据上式算出 AK 值，而得到试样吸收功。本试验机已经根据上述公式将相当于升起角 β 的 AK 数值算出来并直接刻在标度盘上，因此冲击后可以直接读出消耗于冲断试样的功的数值，不必另行计算。

由于一般试样有切槽，试样切槽处的横截面面积并不等于100 mm，因而冲击后标度盘上所读取的数值并不是材料的单位冲击韧性，为了求出材料的单位冲击韧性 ak 值，需要把实验后得到的数据除以试样在切槽处的断面面积，即

$$ak = k/F\ (\mathrm{J/cm^2})$$

在做标准试样冲击实验时，$F = 0.8\ \mathrm{cm}$。

第 7 章

分析思考与训练

7.1 选择题

1. 低碳钢试样的断口呈杯状，四周一圈为与轴线成 45°的斜截面，中心部分呈粗糙平面，一般来说，断口中心的粗糙平面越小，材料的（　　）。

A. 弹性越好　　B. 塑性越好　　C. 弹性越差　　D. 塑性越差

2. 在拉伸实验中，对于直径 $d=5$ mm 的 $l_0=10d$ 试样和直径 $d=10$ mm 的 $l_0=10d$ 试样，两者的断后伸长率的关系为（　　）。

A. 两者的断后伸长率基本相同

B. $d=5$ mm 试样的断后伸长率比 $d=10$ mm 的断后伸长率要大

C. $d=10$ mm 试样的断后伸长率比 $d=5$ mm 的断后伸长率要大

D. 不确定

3. 测量过程中产生的误差是由多种因素引起的，按其产生的原因和性质，一般可分为（　　）。

A. 方法误差、装置误差和环境误差

B. 方法误差、装置误差和过失误差

C. 系统误差、随机误差和过失误差

D. 系统误差、随机误差和环境误差

4. 随机误差是测量过程中由随机性因素所引起的，当测量次数充分大时，测量数据（　　）。

A. 算数平均值趋于某非零定值　　B. 服从正态分布

C. 服从均匀分布　　D. 无规律

5. 电阻应变片所测量的应变是（　　）。

A. 应变片栅长范围的平均应变　　B. 应变片长度范围的平均应变

C. 应变片栅长中心点处应变　　D. 应变片栅长两端点处应变的平均值

6. 若电阻应变仪的灵敏系数大于电阻应变片的灵敏系数，则电阻应变仪的读数应变（　　）电阻应变片所测量的真实应变。

A. 大于　　B. 小于

C. 等于　　D. 可能大于也可能小于

7. 对于铸铁试样，压缩破坏发生在与横截面成45°~55°的斜截面上，是由（　　）引起的破坏。扭转破坏发生在与轴线成45°的螺旋面上，是由（　　）引起的破坏。

A. 拉应力　　B. 压应力　　C. 切应力　　D. 复杂应力

8. 在应变测量中，如有可能，通常在正式测量之前要对构件反复加卸载几次，这是为了（　　）。

A. 提高应变片的疲劳寿命　　B. 减小应变片的横向效应

C. 减小应变片机械滞后的影响　　D. 减小温度效应的影响

9. 用标距 50 mm 和 100 mm 的两种拉伸试样，测得低碳钢的屈服极限分别为 σ_{s_1}、σ_{s_2} 伸长率分别为 δ_5 和 δ_{10}。比较两试样的结果，则有以下结论，其中正确的是（　　）。

A. $\sigma_{s_1} < \sigma_{s_2}$，$\delta_5 < \delta_{10}$　　B. $\sigma_{s_1} < \sigma_{s_2}$，$\delta_5 = \delta_{10}$

C. $\sigma_{s_1} = \sigma_{s_2}$，$\delta_5 > \delta_{10}$　　D. $\sigma_{s_1} = \sigma_{s_2}$，$\delta_5 = \delta_{10}$

7.2　填空题

1. 在进行电测实验时，若将两个电阻值相等的应变片串联在同一桥臂上，组成单臂半桥电路，设两个应变片产生的应变值分别为 ε_1、ε_2，则读数应变为________。

2. 低碳钢拉伸实验，当试样的断口与最接近的标距标记的距离小于原始标距 l_0 的________时，一般应采用断口移中的处理数据。

3. 低碳钢拉伸试件断口不在标距长度 1/3 的中间区段内时，如果不采用断口移中办法，测得的延伸率较实际值________。

4. 应变片灵敏系数是指在应变片轴线方向的________作用下，应变片电阻值的________与安装应变片的试件表面上沿应变片轴线方向的应变 ε 之比值。

5. 应变仪的灵敏系数 $K_y = 2.30$，应变片的灵敏系数 $K_p = 2.16$ 时，仪器的读数 $\varepsilon_y = 400 \times 10^{-6}$，则实际的应变值 ε 为________。

7.3 简答题

1. 比较低碳钢和铸铁两种试样拉伸断口的区别，并大致判断其塑性。

2. 在金属材料拉伸时的性能指标中，屈服性能指标和塑性性能指标有哪些？

3. 试绘出低碳钢拉伸时的 σ-ε 曲线和扭转时的 τ-γ 曲线的示意图，比较两者的异同，并分析其原因。

4. 做工程力学实验时，你考虑过数据精度问题吗？实验所用的机器、仪表的精度一般有两种表示法，即示值误差法和满量程误差法，你知道这两者的含义吗？所用仪器以满量程表示时，如何计算其测量值的误差？

5. 对任意的材料制成的矩形截面梁进行四点弯曲实验，如何确定纯弯曲段的中性层位置？

6. 在工程力学实验中，测量应变或位移时往往先预加载，然后用等量加载的方法。这是为什么？等量加载和一次加载到最终值，两者所得实验结果是否相同？

7. 在纯弯曲梁正应力测定过程中，采用增量法加载，但未考虑梁的自重，是不是应该考虑，还是可以忽略？为什么？

7.4 综合分析题

1. 已知低碳钢材料的屈服极限为 σ_s，在轴向拉力 F 作用下，横截面上的正应力为 σ，且 $\sigma>\sigma_s$，轴向线应变为 ε_1；在拉力 F 全部卸载后，横向线应变为 ε_2。则这种材料的弹性模量 E 为多大？

2. 一枚应变片（$R=120\ \Omega$，$K=2.00$）粘贴于轴向拉伸试件表面，应变片轴线与试件轴线平行。试件材料为低碳钢，弹性模量 $E=210$ GPa。

（1）若加载到应力 $\sigma=300$ MPa，应变片的阻值变化多少？

（2）若将应变片粘贴于可产生较大弹性变形的试件，当应变从零增加到 $5\ 000\times10^{-6}$，应变片的阻值变化多少？

3. 低碳钢 Q235 的屈服极限 $\sigma_s=235$ MPa。当拉伸应力达到 $\sigma=320$ MPa 时，测得试件的应变 $\varepsilon=3\ 600\times10^{-6}$。然后卸载至应力 $\sigma=260$ MPa，此时测得试件的应变为 $\varepsilon=3\ 600\times10^{-6}$。试求：

（1）试件材料的弹性模量 E。

（2）以上两种情形下试件的弹性应变 ε_e 和塑性应变 ε_p。

4. 在二向应力状态下，设已知最大切应变 $\gamma_{max}=5\times10^{-4}$，并已知两个相互垂直方向的正应力之和为27.5 MPa，材料的弹性模量 $E=200$ GPa，$\mu=0.25$，试计算主应力的大小。

5. 在某单向应力状态中，测量应力的标准误差为1%，测量应变的标准误差为3%，则由此算得的弹性模量的标准误差有多大？

6. 在电桥中，R_1 和 R_2 为应变片（120 Ω，$K=2$），若与 R_2 并联一个500 000 Ω的电阻，则相当于多大的应变？

附录Ⅰ

误差分析及数据处理

力学实验是借助各种仪器、设备，采用不同的实验方法对各种测试对象在实验过程中所呈现的物理量进行测量。由于所使用仪器设备的精度限制，测试方法不够完善，环境条件的影响和实验人员的技术素质的制约，所测的物理量存在误差。因此，掌握一些误差分析和数据处理的知识，对实验数据进行合理的分析和必要的处理，就可以减少误差，得到能较好地反映客观存在的物理量。

Ⅰ.1 误差的概念及分类

实验中的误差，是指某个物理量的测量值与其客观存在的真值的差值。力学实验主要涉及的测量数据包括力、应力、应变、位移、变形。这些数据一部分是依靠传感器测量的数据，是由计算机或装有单板机的专用测量仪器输出的，该类数据的精度较高；还有一部分数据是依靠各种仪表、量具测量某个物理量，由于主观原因，不可能测得该物理量的真值，即在测量中存在着误差，正确地处理测量数据，目的是使误差控制在最低程度，测量值最大限度地接近真值。

测量误差根据其产生原因和性质可以分为系统误差、过时误差和偶然误差（随机误差）三大类。过失误差是由于人为造成的，我们不予讨论。实验时，必须明确自己所使用的仪器、量具本身的精度，创造好的环境条件，认真细致地工作，将误差减小到尽可能低的程度。

Ⅰ.1.1 真值、实验值、理论值和误差的概念

(1) 真值。客观存在的某一物理量的真实的数值。例如，实际存在的力、位移、长度

等数值。获得这些数值需要用实验方法测量，由于仪器、方法、环境和人的观察力都不能完美无缺，严格地说真值是无法测得的，我们只能得到真值的近似值、理论真值，如力学理论课程中对某些严格的理论解，数学、物理理论公式表达值等；相对真值（约定真值），高一档次仪器的测量值是低一档次仪器的相对真值或约定真值；最可信赖值，某物理量多次测量值的算术平均值。

（2）测量（实验）值。用实验方法测量得到的某一物理量的数值。例如，用测力计测量构件所受的力。

（3）理论值。用理论公式计算得到的某个物理量的值。例如，用工程力学公式计算梁表面的应力。

（4）误差。实验误差是测量值与真值的差值，实验误差 = 测量值 − 真值；理论误差是理论值与真值的差值，理论误差 = 理论值 − 真值。

I.1.2　误差的来源

测量误差的产生，主要原因如下：一是仪器误差，由于测量仪器的构造不可能十分完善；二是测量误差，由于测量者的感觉器官的鉴别能力和技术水平与经验的限制；三是环境误差，由于测量需要在一定的外界条件下进行，所以测量结果必然会含有误差。将仪器条件、测量条件、外界条件称为测量的三大客观（测量）条件。三大客观条件相同的测量称为等精度测量；三大客观条件不同的测量称为不等精度测量。

（1）仪器误差。该误差通常包括实验设备、测量仪器及仪表带来的误差，如安装调试不准确、刻度不准、设备加工粗糙、仪表非线性以及元器件之间的间隙造成的误差。

（2）测量误差。该误差通常包括测量方法不准确而引起的误差，以及测量者的视觉分辨能力、熟练程度和精神状态等引起的误差。

（3）环境误差。由外界环境引起的测量误差主要指测量环境的温度、气压、湿度、电场、磁场等与要求的标准状态不一致引起的误差。

I.1.3　误差的分类

误差根据性质及其产生的原因可分为以下三类：

（1）系统误差（又称恒定误差）。是一规则的、恒定的误差，是由确定的系统产生的固定不变因素引起的误差。该误差的偏向及大小总是相同的，如用偏重的砝码称重，所称得的物体的重量总是偏轻；应变片灵敏系数偏大，那么所测得的应变值总是偏小。

系统误差有固定的偏向及规律性，可采取适当的措施予以校正、消除。

（2）偶然误差（又称随机误差）。它是由不易控制的多种因素造成的误差，有时大、有时小，有时正、有时负，没有固定大小和偏向。偶然误差的数值一般都不大，不可预测但服从统计规律。误差理论就是研究偶然误差规律的理论。

偶然误差，当测量的次数足够多时，服从统计规律，其大小等可由概率决定。

（3）过失误差（又称错误）。它显然是与实际不相符的误差，无一定规律，误差值可以很大，主要由于实验人员粗心、操作不当或过度疲劳造成。例如，读错刻度，记录或计算差错。此类误差只能靠实验人员认真细致地操作和加强校对才能避免。

Ⅰ.1.4　测量数据的精度

测量误差的大小可以由精度表示，精度分为如下三类：

（1）精密度。反映测量数据随机误差大小的程度，或表示测试结果相互接近的程度、多次测量数据的重复程度，其由偶然误差决定，但精密度高不一定准确度高，我们要求既要有高的准确度又要有高的精密度，即要有高的精确度，也就是通常所说的测量精度。

（2）准确度。反映实验的测量值与真值的接近程度，其由系统误差决定。

（3）精确度。综合衡量系统误差的随机误差的大小。精确度是测试结果中系统误差与偶然误差的综合值，即测试结果与真值的一致程度。精确度与精密度、准确度紧密相关。

Ⅰ.1.5　系统误差的消除

实验中的系统误差，常常用对称法、校准法和增量法尽可能地消除或减小。

（1）对称法。利用对称性在实验系统的对称位置同时进行测量，数据平均以消除系统误差。

力学实验中所采用的对称法包括两类：

①对称读数，例如拉伸实验中，试件两侧对称地测量变形，取其平均值就可以消去加载偏心造成的影响；例如使用蝶式引伸计等双侧读数的仪表；又例如，为了达到同样目的，在试件对称部位分别粘贴应变片，取其平均应变值也可消去加载偏心造成的影响。

②加载对称，在加载和卸载时分别读数，这样可以发现可能出现的残余应力应变，并减小过失误差。

（2）校准法。经常对实验仪表进行校正，以减小因仪表不准所造成的系统误差。根据计量部门规定，材料试验机的测力度盘或传感器（其相对误差不能大于1%）必须每年用标准测力计（相对误差小于0.5%）校准，又例如，电阻应变仪的灵敏度系数设定，应定期用标准应变模拟仪进行校准。

（3）增量法（逐级加载法）。当需测量某些线性变形或应变时，在比例极限内，荷载由 P_1 增加到 P_2，P_3，…，P_i。在测量仪表或传感器输出上，便可以读出各级荷载所对应的读数 A_1，A_2，…，A_i，$\Delta A = A_i - A_{i-1}$ 称为读数差，各个读数的平均值就是当荷载增加 ΔP（一般荷载都是等量增减）时的平均变形或应变。

增量法可以避免某些系统误差的影响。例如，材料试验机如果有摩擦力 f（常量）存在，则每次施加于试件上的真实力为 P_1+f，P_2+f，…，再取其增量 $\Delta P = (P_2+f) - (P_1+f) = P_2 - P_1$，摩擦力 f 便消去了。又例如，传感器初始输出不为零时，如果采用增量法，传感器所带来的系统误差也可以消除掉。

工程力学实验中的弹性变形测量，一般采用增量法。

Ⅰ.2 实验数据处理

Ⅰ.2.1 读数规定

实验的原始数据应真实记录，不得进行任何加工整理。

传感器输出数据应如实记录；表盘、量具读数一般读到最小分格的1/2，其中最后一位有效数字是估读数字。

Ⅰ.2.2 数据取舍的规定

明显不合理的实验结果通常称为异常数据。例如，外荷载增加了，变形反而减小了；理论上应为拉应力的区域测出压应力等。这种异常数据往往由于过失造成，发生这种情况时必须首先找出数据异常的原因，再重新进行测试。需要指出的是，对待实验中的异常数据，是剔除而不是将其修改为正常数据，对于明显不合理数据产生的原因也应在实验报告中进行分析讨论。

Ⅰ.2.3 多次重复实验的平均值

若在实验中，测量的次数无限多时，根据误差的分布定律，正负误差出现的概率相等。再细致地消除系统误差，将测量值加以平均，可以获得非常接近真值的数值。但实际上实验测量的次数总是有限的。用有限测量值求得的平均值只能是接近真值，常用的平均值有以下几种：

（1）算术平均值。设 x_1，x_2，…，x_n 为各次测量值，n 代表测量次数，则算术平均值为

$$\overline{X} = \frac{x_1 + x_2 + \cdots + x_n}{n} = \frac{\sum_{i=1}^{n} x_i}{n}$$

（2）几何平均值。几何平均值是将一组 n 个测量值连乘并开 n 次方求得的平均值。即

$$\overline{X}_{JH} = \sqrt[n]{x_1 x_2 \cdots x_n}$$

（3）均方根平均值。表示为

$$\overline{X}_{JF} = \sqrt{\frac{x_1^2 + x_2^2 + \cdots + x_n^2}{n}} = \sqrt{\frac{\sum_{i=1}^{n} x_i^2}{n}}$$

（4）对数平均值。在结构振动实验、疲劳与断裂力学实验中，实验所得到的曲线有时会以指数或对数的形式表达，在这种情况下表征平均值常用对数平均值。

设两个量 x_1，x_2，其对数平均值

$$\overline{X}_D = \frac{x_1 - x_2}{\ln x_1 - \ln x_2} = \frac{x_1 - x_2}{\ln \dfrac{x_1}{x_2}}$$

应指出，变量的对数平均值总小于算术平均值。当 $x_1/x_2 \leqslant 2$ 时，可以用算术平均值代替对数平均值。

以上介绍各平均值的目的是要从一组测定值中找出最接近真值的那个值。在力学实验和多数科学研究中，数据的分布都属于正态分布，所以通常采用算术平均值。

Ⅰ.3 有效数字

在科学与工程中，测量或计算结果，总是以一定位数的数字来表示。不是说一个数值中小数点后面位数越多越精确。实验中从测量仪表上所读数值的位数是有限的，取决于测量仪表的精度，其最后一位数字往往是仪表精度所决定的估计数字。即一般应读到测量仪表最小刻度的十分之一位。数值准确度大小由有效数字位数来决定。

一个数据，其中除了起定位作用的“0”外，其他数字都是有效数字。例如 0.002 7 只有两位有效数字，而 270.0 有 4 位有效数字。一般要求测试数据有效数字为 4 位。要注意有效数字不一定都是可靠数字，记录测量数值时只保留一位可疑数字。

Ⅰ.3.1 保留有效数字的原则

（1）1 ~ 9 均为有效数字，0 既可以是有效数字，也可以做定位用的无效数字。

（2）变换单位时，有效数字的位数不变。

（3）首位是 8 或 9 时，有效数字可多计一位。

（4）在以对数表达的实验数据中，有效数字仅取决于小数部分数字的位数。

（5）常量分析一般要求 4 位有效数字，以表明分析结果的准确度为 1‰。

为了清楚地表示数值的精度，明确读出有效数字的位数，常用指数的形式表示，即写成一个小数与相应 10 的整数幂的乘积。这种以 10 的整数幂来记数的方法称为科学记数法。

Ⅰ.3.2 有效数字运算规则

（1）记录测量数值时，只保留一位可疑数字。

（2）当有效数字位数确定后，其余数字一律舍弃。舍弃办法就四舍五入，即末位有效数字后面第一位小于 5，则舍弃不计；大于 5 则在前一位数上增 1；等于 5 时，前一位为奇数，则进 1 为偶数，前一位为偶数，则舍弃不计。这种舍入原则可以表述为“小于 5 则舍，大于 5 则入，正好等于 5 奇变偶”。

（3）在加减计算中，各数所保留的位数，应与各数中小数点后位数最少的相同。例如，

将 24. 65、0. 008 1、1. 532 三个数字相加时，应写为 24. 65 +0. 01 +1. 53 =26. 19。

（4）在乘除运算中，各数所保留的位数，以各数中有效数字位数最少的那个数为准；其结果的有效数字位数也应与原来各数中有效数字最少的那个数相同。例如，0. 012 1 × 25. 64 ×1. 057 82 应写成 0. 012 1 ×25. 6 ×1. 06 =0. 328。

（5）在对数计算中，所取对数位数应与真数有效数字位数相同。

Ⅰ.4　偶然误差

Ⅰ.4.1　算术平均值和标准误差

前面提到测量值 = 真值 + 误差，这里误差包含了系统误差和偶然误差，则测量值 = 真值 + 系统误差 + 偶然误差，当系统误差修正后，误差主要是偶然误差。在多次测量中，偶然误差是一随机的变量，那么测量值也就是一随机变量，我们则可用算术平均值和标准误差来描述它。

（1）算术平均值 $\overline{X}$。

$$\overline{X} = \frac{1}{n}\sum_{i=1}^{n} x_i$$

式中　x_i——第 i 次测量的测量值；

n——测量次数。

当 $n\to\infty$时、$\overline{X}\to x_t$（真值），但是当 n 增加到一定程度时，$\overline{X}$ 的精度的提高就不显著了，所以一般测量中 n 只要大于 10 就可以了。

用最小二乘法原理可确定一组测量值中的最佳值，它能使各测量值误差的平方和为最小，而最佳值正好是算术平均值。

（2）标准误差 S。

$$S = \sqrt{\frac{\sum_{i=1}^{n}(X_i - \overline{X})^2}{n-1}}$$

我们用 $\delta = X_i - \overline{X}$ 表示第 i 次测量与算术平均值间的偏差，则有

$$S = \sqrt{\frac{\sum \delta_i^2}{n-1}}$$

当 $n\to\infty$，$\overline{X}\to x_t$ 时，则标准误差为

$$S = \sqrt{\frac{\sum \delta_i^2}{n}}$$

标准误差是各测量值误差平方和的平均值的平方根，又叫均方根误差，它对较大或较小的误差反应比较灵敏，是表示测量精密度较好的一种方法。

Ⅰ.4.2　多次测量的误差分布

误差服从于统计规律，其概率分布为正态分布的形式，即正负误差的概率相等，分布曲线对称于纵轴。

我们以算术平均值代表真值，X 表示测量误差，y［$P(x)$］表示测量误差 X 出现的概率密度，S 为标准误差，这时则有误差的函数形式

$$y=P(x)=\frac{1}{S\sqrt{2\pi}}e^{-\frac{x^2}{2S^2}}$$

该公式是高斯于1795年总结出的，故称为高斯误差分布定律。式中 $\frac{1}{\sqrt{2}S}=h$ 又称为精密度指数，上式则为

$$y=\frac{h}{\sqrt{\pi}}e^{-h^2x^2}$$

根据上式可做出误差概率密度图即高斯误差分布曲线，如附图Ⅰ-1所示。根据曲线可见 $|x|$ 越大，y 值越小，$|x|$ 越小，y 值越大，当 $x=0$ 时，则

$$y_0=\frac{h}{\sqrt{\pi}}=\frac{1}{S\sqrt{2\pi}}$$

y_0 是误差分布曲线的最高点，它与 S 成反比，与 h 成正比。因此 h 越大、S 越小时，曲线中部越高，两边下降越快；反之曲线变得越平缓。h 反映测量的精密度大小，S 决定误差曲线幅度大小，并表示曲线的转折点。

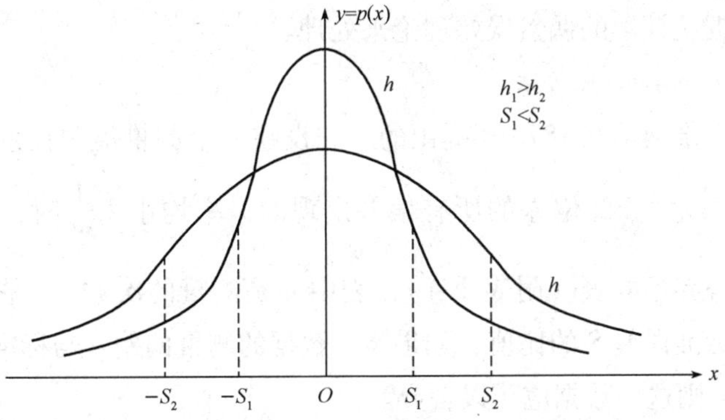

附图Ⅰ-1　高斯误差分布曲线

从误差分布曲线，我们可看出偶然误差的特性：

（1）小误差比大误差出现的概率高，很大的正、负误差出现的概率都很小。

（2）大小相等、符号相反的误差出现的概率相等。

（3）标准误差 S 越小时，曲线中部越高，两边下降得越快，说明测量值集中，测量的精度高；反之，曲线变得越平缓，说明测量值分散，精度低。

经计算表明，一般误差在 $-S$ 和 S 之间的概率为 68%，在 $-2S$ 与 $2S$ 之间的概率为 95%，在 $-3S$ 和 $+3S$ 之间的概率为 99.7%，这已可认为代表了测量全体，所以我们把 $3S$ 称为极限误差。若将某多次测量的物理量记为 $x \pm S$，就可认为，对该物理量的任一次测量，都不会超出该范围。如某一批应变片的灵敏系数的算术平均值 $k = 2.465$，经计算得出其标准误差 $S = 0.007$，则这一批应变片的灵敏系数实际取值范围可写为 $K = k \pm 3S = 2.465 \pm 0.021$，这里 $0.021/2.465 \approx 0.887\%$，其又可写为 $K = 2.465 \pm 0.887\%$。

Ⅰ.4.3 或然误差

规定概率为 50% 时的误差叫或然误差：

$$\gamma = 0.6745S$$

在有限测量次数时，或然误差计算公式为

$$\gamma = 0.6745\sqrt{\frac{\sum_{i=1}^{n}(X_i - \overline{X})^2}{n-1}}$$

实验结果的精度可用绝对误差表示，也可用相对误差表示，并常用相对百分误差表示。

Ⅰ.4.4 可疑数据的舍弃

在实验的多次测量中，我们常会遇到个别测量值与多数值相差较大的情况，这个个别数据即可疑数据，对可疑数据不加分析的舍、取，都是错误的，应经过认真的分析，来决定这些数据的舍、取。有的可疑数据是测量元件的质量问题或测试安装问题造成的，可以舍去，有的可疑数据应根据统计学的偶然误差理论来处理。

1. 肖维纳（W. Chauvenet）方法

肖维纳方法是肖维纳早在 1876 年提出的，它设在 n 个测量值中任意一个数据与平均值有一误差 d，当等于或大于此偏差的所有偏差出现的概率均小于 $\frac{1}{2^n}$ 时，该数据则应予以舍弃。他列出一数据舍弃标准表（附表Ⅰ-1），表中 n 是测量的次数，c 是合理的误差限与根据测量数据算得的标准误差 S 的比值，如果某一数据的测量偏差 d 与标准误差 S 的比值大于表中对应的 c 值时，则这一数据应予以舍弃。

先求出各测量数据的算术平均值和单次测量的标准误差，计算时可疑数据应包括在内；再计算出可疑的较大偏差与标准误差之比；根据表中 n 与 c 来决定数据的取舍。

附表Ⅰ-1 数据舍弃标准表

n	c	n	c	n	c	n	c	n	c	n	c
5	1.65	10	1.96	15	2.13	20	2.24	40	2.50	100	2.81
6	1.73	11	2.00	16	2.16	22	2.28	50	2.58	200	3.02
7	1.79	12	2.03	17	2.18	24	2.31	60	2.64	500	3.29

续表

n	c	n	c	n	c	n	c	n	c	n	c
8	1.86	13	2.07	18	2.20	26	2.35	80	2.74		
9	1.92	14	2.10	19	2.22	30	2.39				

例如，有某实验 10 次测量数据见附表Ⅰ-2：

附表Ⅰ-2　测量数据

i	1	2	3	4	5	6	7	8	9	10	
m_i	45.3	47.2	46.3	48.9	46.9	45.8	46.7	47.1	45.7	45.1	$\sum m_i = 465$
d_i	−1.2	0.7	−0.2	2.4	0.4	−0.7	0.2	0.6	−0.8	−1.4	$\sum d_i = 0$
d_i^2	1.44	0.49	0.04	5.76	0.16	0.49	0.04	0.36	0.64	1.96	$\sum d_i^2 = 11.38$

先算出算术平均值，有

$$m = \frac{\sum m_i}{n} = \frac{465}{10} = 46.5$$

可算出每次测量偏差 d_i，再求出这 10 次测量的标准误差，得

$$S = \sqrt{\frac{\sum d_i^2}{n-1}} = \sqrt{\frac{11.38}{9}} = \sqrt{1.26} = 1.12$$

由表 1-1 查得测量次数 $n=10$ 时，$c = x_i/S = 1.96$，也即合理误差限 $x_i = 1.96S$，这就说明误差在 $\pm 1.96S$ 以外的值都要舍去，这里

$$1.96S = 1.96 \times 1.12 = 2.20$$

我们以算术平均值代表真值，表中第 4 个测量值的偏差 d_i 为 2.4，在 $\pm 1.96S$ 以外，应当舍去，再计算其余 9 个数据的算术平均值和标准误差，有

$$m = \frac{\sum m_i}{n} = \frac{416.1}{9} = 46.2$$

$$S = \sqrt{\frac{\sum d^2}{n-1}} = \sqrt{\frac{5.62}{8}} = 0.838$$

这时剩下 9 个数据测量次数 n 也变为 9，由附表Ⅰ-1 查得测量次数 $n=9$ 时，$c = x_i/S = 1.92$，也即合理误差限 $x_i = 1.92S = 1.92 \times 0.838 = 1.61$，这时偏差最大的数是第 10 个数，它的偏差为 45.1 − 46.2（这里不是 46.5 了）= −1.1，其落在 ± 1.61 之内，因而这 9 个数据都应保留。这时所测数据应取值 $m = 46.2$。

2. 格拉布斯（F. E. Grubbs）方法

设某测值 X 是正态分布，其算术平均值为 $\overline{X}$，标准误差为 S，其从小到大排列为 X_1，X_2，…，X_n，该数列中最大值 X_n 和最小值 X_1 为可疑值，则 X_1 是可疑值有 $T = \frac{\overline{X} - X_1}{S}$，$X_n$

是可疑值有 $T=\frac{X_n-\overline{X}}{S}$，其中 $\overline{X}=\frac{1}{n}\sum_{i=1}^{n}X_i$，$S^2=\frac{1}{n-1}\sum_{i=1}^{n}(X_i-\overline{X})^2$，选定危险率 α，α 是一个较小的百分数，如5.0%、2.5%、1.0%。α 是按格拉布斯方法判定为异常数据而实际上不是异常数据而犯错误的概率，这种错误是统计方法不可避免的。然后我们到格拉布斯的表中找到相应的 n（测量次数）和 α（危险率）所对应的 T（n，α）值，如果我们计算的 $T \geqslant T(n,\ \alpha)$，则该数据应予以舍弃（这时表明该判断犯错误的概率为 α），反之数据不予舍弃。α 值不宜选得过小，因为 α 小了，把不是异常数据判断为异常数据的错判概率减小了，但把确是异常数据判断为不是异常数据而犯错误的概率增大了。

但是格拉布斯方法比肖维纳方法不易舍去可疑数据，因而实际中多采用肖维纳方法。

Ⅰ.4.5　间接测量误差分析

在实际工作中有些物理量我们无法对其进行直接的测量，必须通过对一些与其有关的可以直接测量的物理量 x、y、z 的测量，再按一定的公式计算求得。这里就有一误差的传递，即直接测量值的误差对间接测量值的影响。

间接测量中常有两种问题：一种是已知直接测量值的误差，求间接测量值的误差，即已知自变量的误差求函数的误差；另一种是给定间接测量值的误差，求各直接测量允许的最大误差，即已知函数的误差求自变量的误差。

设一间接测量物理量 u，它与 x、y、z 的关系为 $u=f(x,\ y,\ z)$，若 x、y、z 的测量误差分别为 Δx、Δy、Δz，它们引起的 u 的误差为 Δu，则有

$$u+\Delta u=f(x+\Delta x,\ y+\Delta y,\ z+\Delta z)$$

由泰勒公式，并略去误差的高次项，得

$$u+\Delta u=f(x,\ y,\ z)+\frac{\partial f}{\partial x}\Delta x+\frac{\partial f}{\partial y}\Delta y+\frac{\partial f}{\partial z}\Delta z$$

或

$$\Delta u=\frac{\partial f}{\partial x}\Delta x+\frac{\partial f}{\partial y}\Delta y+\frac{\partial f}{\partial z}\Delta z$$

该式即为误差传递公式。

例如，我们通过直接测量圆柱形试件的直径 D 及高 H 来计算试件的体积 V。

首先设直径 D 及高 H 的测量误差分别为 ΔD 和 ΔH，圆柱体的体积公式是 $V=\frac{1}{4}\pi D^2 H$，由传递公式，我们则可得到体积 V 的误差

$$\Delta V=\frac{\partial V}{\partial D}\Delta D+\frac{\partial V}{\partial H}\Delta H=\frac{\pi DH}{2}\Delta D+\frac{\pi D^2}{4}\Delta H$$

$$=2V\frac{\Delta D}{D}+V\frac{\Delta H}{H}$$

两边同除以 V 则有相对误差

$$\frac{\Delta V}{V}=2\frac{\Delta D}{D}+\frac{\Delta H}{H}$$

由该式可见对体积误差的影响，直径的测量引起的相对误差远高于高度测量引起的相对误差。

前面的误差传递公式是一般公式，对于系统误差及偶然误差都是适用的，那么对于标准误差传递公式的形式如何呢？同样我们设有关系 $y=f(X_1, X_2, \cdots, X_r)$，其自变量 X_1，X_2，…，X_r 为 r 个直接测量的物理量，其标准误差分别为 S_1，S_2，…，S_r，对 X_1，X_2，…，X_r 各做了 n 次测量，可得出 n 个 y 的值：

$$y_i = f(X_{1i}, X_{2i}, \cdots, X_{ri}) \quad i=1, 2, \cdots, n$$

每次测量的误差，根据传递公式有

$$\Delta y_i = \frac{\partial y}{\partial X_1}\Delta X_{1i} + \frac{\partial y}{\partial X_2}\Delta X_{2i} + \cdots + \frac{\partial y}{\partial X_r}\Delta X_{ri}$$

上式两边平方，得

$$\Delta y_i^2 = \left(\frac{\partial y}{\partial X_1}\right)^2 \Delta X_{1i}^2 + \left(\frac{\partial y}{\partial X_2}\right)^2 \Delta X_{2i}^2 + \cdots + \left(\frac{\partial y}{\partial X_r}\right)^2 \Delta X_{ri}^2 + 2\left(\frac{\partial y}{\partial X_1}\right)\left(\frac{\partial y}{\partial X_2}\right)\Delta X_{1i}\Delta X_{2i} + \cdots$$

当 i 由 1 到 n 求和，n 到足够大时，正负误差出现的概率相等（偶然误差的正态分布规律），交乘项相互抵消，则剩下所有的平方项

$$\sum \Delta y_i^2 = \left(\frac{\partial y}{\partial X_1}\right)^2 \sum \Delta X_{1i}^2 + \left(\frac{\partial y}{\partial X_2}\right)^2 \sum \Delta X_{2i}^2 + \cdots + \left(\frac{\partial y}{\partial X_r}\right)^2 \sum \Delta X_{ri}^2$$

两边同除以 n，再开平方则得标准误差

$$S = \sqrt{\left(\frac{\partial y}{\partial X_1}\right)^2 S_1^2 + \left(\frac{\partial y}{\partial X_2}\right)^2 S_2^2 + \cdots + \left(\frac{\partial y}{\partial X_r}\right)^2 S_r^2}$$

相对标准误差为

$$e = \frac{S}{n} = \sqrt{\left(\frac{1}{n}\frac{\partial y}{\partial X_1}\right)^2 S_1^2 + \left(\frac{1}{n}\frac{\partial y}{\partial X_2}\right)^2 S_2^2 + \cdots + \left(\frac{1}{n}\frac{\partial y}{\partial X_r}\right)^2 S_r^2}$$

若 $n = X_1, X_2, \cdots, X_r$

则 $\dfrac{\partial y}{\partial X_1} = X_2 X_3 \cdots X_r$，$\dfrac{\partial y}{\partial X_2} = X_1 X_3 \cdots X_r$，$\dfrac{\partial y}{\partial X_r} = X_1 X_2 \cdots X_{r-1}$

$\therefore e = \sqrt{e_1^2 + e_2^2 + \cdots + e_r^2}$

式中，e_1^2，e_2^2，…，e_r^2 分别为 X_1，X_2，…，X_r 的相对标准误差。

例如，我们测量某一模型表面某点的主应变值 ε_1、ε_2 及材料的弹性模量 E、波松比 μ 的算术平均值为

$$\overline{\varepsilon}_1 = 593 \times 10^{-6},\ \overline{\varepsilon}_2 = 166 \times 10^{-6},\ \overline{E} = 3.64 \times 10^4\ \text{kg/cm}^2,\ \overline{\mu} = 0.359$$

对应的标准误差为

$$S_{\varepsilon_1} = 4.24 \times 10^{-6},\ S_{\varepsilon_2} = 3.30 \times 10^{-6},\ S_E = 0.0832 \times 10^4\ \text{kg/cm}^2,\ S_\mu = 0.0116$$

试求当利用胡克定律

$$\left.\begin{aligned} \sigma_1 &= \frac{E}{1-\mu^2}(\varepsilon_1 + \mu\varepsilon_2) \\ \sigma_2 &= \frac{E}{1-\mu^2}(\varepsilon_2 + \mu\varepsilon_1) \end{aligned}\right\}$$

计算测点主应力 σ_1、σ_2 时，标准误差 S_{σ_1}、S_{σ_2} 是多少。

由公式可得主应力 σ_1 的标准误差应为

$$S_{\sigma_1}=\sqrt{\left(\frac{\partial\sigma_1}{\partial\varepsilon_1}\right)^2 S_{\varepsilon_1}^2+\left(\frac{\partial\sigma_1}{\partial\varepsilon_2}\right)^2 S_{\varepsilon_2}^2+\left(\frac{\partial\sigma_1}{\partial E}\right)^2 S_E^2+\left(\frac{\partial\sigma_1}{\partial\mu}\right)^2 S_\mu^2}$$

计算式中各项得

$$S_{\sigma_1}=\sqrt{(315+24.5+3\ 950+1\ 180)\ \times 10^{-4}}=0.740\ (\mathrm{kg/cm^2})$$

同理，可求得主应力 σ_2 的标准误差。

同样，当我们确定了某一间接量的误差范围时，可对与其有关的各直接测量量求出所允许的误差范围，当然这样的问题有多种分配方案，当各直接测量量的误差难以估计时，可等效传递原理即假定各自变量（直接量）的误差对函数（间接量）误差的影响相等来解决。

Ⅰ.4.6 单次测量的误差分析

有些数据，我们难以在完全同样的情况下进行多次测量。如对一试件加载测量应变即是如此。这样我们无法计算一个算术平均值，而要估计这一次测量中包含了多大的偶然性误差。

我们在前面谈到极限误差为 $3S$，它基本上就是任意某一次测量的最大绝对误差，因此我们可以把 $3S$ 作为单次测量误差估计的标准。但是 S 值在单次测量的结果无法得到。我们由间接测量的标准误差公式得

$$S=\sqrt{\left[\left(\frac{\partial f}{\partial x}\right)S_x\right]^2+\left[\left(\frac{\partial f}{\partial y}\right)S_y\right]^2+\left[\left(\frac{\partial f}{\partial z}\right)S_z\right]^2}$$

两边同乘以 3，设

$d=3S$，$d_1=3\left(\frac{\partial f}{\partial x}\right)S_x$，$d_2=3\left(\frac{\partial f}{\partial y}\right)S_y$，$d_3=3\left(\frac{\partial f}{\partial z}\right)S_z$，则有

$$d=\sqrt{d_1^2+d_2^2+d_3^2}$$

该式即表示为某物理量测量结果的最大绝对误差为 d，而 d 分别是 x、y、z 这些环节给测量结果带来的最大绝对误差，式两端同除以该物理量的测量值

$$\delta=\sqrt{\delta_1^2+\delta_2^2+\delta_3^2}$$

该式的含义则为某一物理量测量结果的最大相对误差等于各环节给这一测量结果带来的最大相对误差平方和的开方。这里 δ_1、δ_2 等必须是偶然误差且是各环节给测量结果带来的误差，而不是各环节本身的误差。

例如应变片测量应变时，整个系统各环节的误差可能有贴片引起的误差（δ_1）、应变片本身的误差（δ_2）、应变仪的误差（δ_3）、记录仪的误差（δ_4）、标定误差（δ_5）等，那么该单次测量结果的最大相对误差 δ 为

$$\delta=\pm\sqrt{\delta_1^2+\delta_2^2+\delta_3^2+\delta_4^2+\delta_5^2}\times 100\%$$

贴片主要是方向的偏斜，规定最大偏斜5°，引起的相对误差为1%，即$\delta_1=1\%$；应变片误差主要是灵敏系数K，一般$K=2.02\pm1\%$，则$\delta_2=\pm1\%$，应变仪误差它包括振幅特性误差δ_{3_1}和稳定性误差δ_{3_2}，按仪器说明书知$\delta_{3_1}=\pm1\%$，因测量持续时间不长，故δ_{3_2}主要考虑灵敏度的变化，按说明书$\delta_{3_2}=\pm1\%$，其组合为

$$\delta_3=\pm\sqrt{\delta_{3_1}^2+\delta_{3_2}^2}=\pm\sqrt{\left(\frac{1}{100}\right)^2+\left(\frac{1}{100}\right)^2}=\pm1.41\%$$

记录仪的误差一般与记录波峰的高度有关，对于50 mm的波峰，误差为0.5 mm，则有记录仪误差$\delta_4=\pm0.5/50\times100\%=\pm1\%$，按应变仪说明书，应变仪的标定误差为$\delta_{5_1}=\pm1\%$，因给出信号由记录仪记录，则有记录曲线取值带来的误差$\delta_{5_2}=\pm1\%$，其组合为

$$\delta_5=\pm\sqrt{\delta_{5_1}^2+\delta_{5_2}^2}=\pm\sqrt{\left(\frac{1}{100}\right)^2+\left(\frac{1}{100}\right)^2}=\pm1.41\%$$

则有

$$\delta=\pm\sqrt{\delta_1^2+\delta_2^2+\delta_3^2+\delta_4^2+\delta_5^2}=\pm2.64\%$$

即所测得的应变的最大相对误差是±2.64%。

Ⅰ.4.7 实验数据的表示方法

实验的数据经整理后必须以一定的方法表达，一般常用的有三种方法，即图示法、列表法和方程法，其各有优缺点，可根据需要采用不同的方法。

1. 图示法

图示法又称为曲线表示法，该方法在实验数据整理中最常用、最重要。其特点是简明直观，可一目了然地了解实验结果的全貌，便于比较最大值、最小值、转折点及周期等特点，还可直接求变量积分、微分，而不必知道变量间的数学关系。

(1) 做数据曲线首先要选定合适的坐标形式，如直角坐标、三角坐标、对数坐标等。一般x轴代表自变量，y轴代表因变量。为使曲线上每一点都能方便地找到其坐标，坐标的分度也应选得合适。坐标的最小分度应与数据的误差相适应，过细则超出实验精度，使曲线人为弯曲，有虚假精度和无效数字；过粗则降低了实验精度，使曲线过于平直。如附图Ⅰ-2所示。

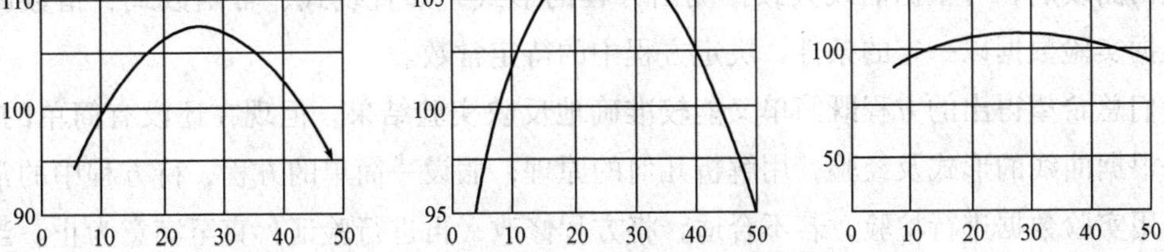

附图Ⅰ-2 坐标分度不同的比较

（2）曲线中最简单、使用最方便的是直线，可对变量加以变换，使图形尽可能为直线，如采用半对数关系（$\log x$，y），对数关系（$\log x$，$\log y$），幂指数关系（x^n，y）等。

（3）对于要求不高，只要求变化趋势的情况下，可直接将数据点描在坐标内，但要做准确的曲线时，则要按一定的规则描点。实验数据都有一定的误差，因此画图时不能简单地描点，而应以一矩形表示，如附图Ⅰ-3所示，矩形的两边分别代表自变量和因变量的误差，中心代表算术平均值，真值在此矩形内。用两倍标准误差作为误差的合理范围，所得曲线介于两虚线间的概率为95%。

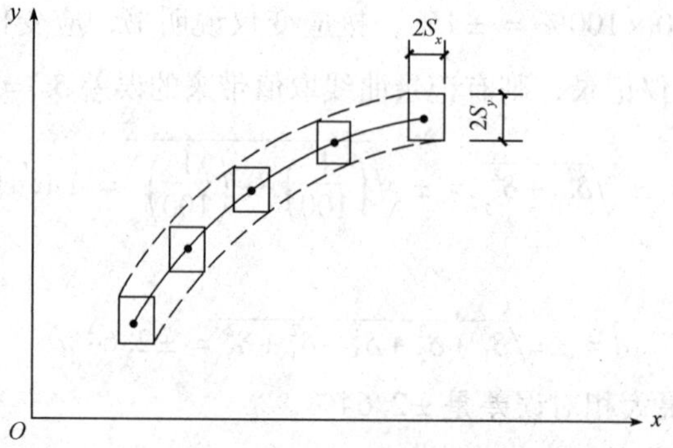

附图Ⅰ-3　描点示意

（4）必须有足够多的数据点，才可能做出一条连续光滑的曲线，同时应注意曲线尽量与所有的数据点相接近，但不必通过各点，尤其是曲线的两端；曲线应尽量光滑，少有折点；曲线两侧的点数应大体相等；曲线一般不可有不连续点或奇异点。

2. 列表法

列表法即是将数据中自变量、因变量的各个数据值按一定的形式和顺序一一对应排列成表格的方法。其形式简单明了，数据易于比较，还可同时表示多个变量间的关系。

列出表格要简单明了，表要求有表名、序号、名称、项目、说明及数据来源等项，各项目要写明名称及单位，数据表示要统一等。

3. 方程表示法

一般在做出曲线后，都还希望能有方程式或经验公式把曲线表示出来，以便做有关的运算。

做出曲线后，可根据曲线大致推测出方程的形式，如直线式、幂函数式、指数函数式等，根据实验数据以一定的条件，决定方程中的待定常数。

我们总希望得出的方程既简单又能较准确地反映实验结果，但现在还没有简单的方法，通常是根据曲线的形式及经验，用解析几何的原理，假设一简单的方程，待方程中的常数确定后，用实验数据进行检验，若不合适，将方程修改，再进行验证，直至满意为止。当然最简单的经验公式为直线式，所以，尽可能地使函数的形式取为直线式。

如何确定方程中的任意常数呢？最常用的方法有直线图解法和最小二乘法等。

直线图解法比较简单，只要在坐标中画一直线使其尽可能接近每一数据点即可，该直线的斜率即直线式 $y = mx + b$ 中的 m 值，直线在 y 轴上的截距即 b 值，斜率可由 Δy 与 Δx 的比值计算，这样就写出该直线式方程。该方程一般的精度约为0.5%。

最小二乘法是一般求常数最常用的方法，假设自变量无误差，而因变量有测量误差，这时拟合最好曲线是各数据点与曲线的偏差的平方和最小，即 $\sum_{i=1}^{n} d_i^2$ 最小（附图Ⅰ-4）。

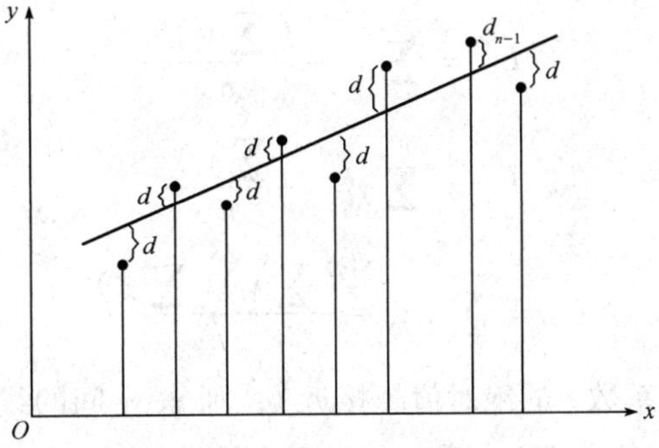

附图Ⅰ-4　最小二乘法

该实验曲线为直线，方程为 $y = ax + b$，其中 a、b 为任意常数，设有 n 组 x、y 值适合于该方程，以 y_i' 代表 b 和 a 已知时根据 x_i 值计算的 y 值，即 $y_i' = ax_i + b$，$i = 1, 2, \cdots, n$。这时测量值 y_i 与直线的偏差为

$$d_i = y_i - y_i' = y_i - b - ax_i$$

则有

$$\sum_{i=1}^{n} d_i^2 = (y_1 - b - ax_1)^2 + (y_2 - b - ax_2)^2 + \cdots + (y_n - b - ax_n)^2$$

要使该式最小的必要条件是其分别对 a、b 的偏导数皆为零，即

$$\frac{\partial}{\partial a}\left(\sum d_i^2\right) = 0, \frac{\partial}{\partial b}\left(\sum d_i^2\right) = 0$$

可得

$$\begin{cases} \sum x_i y_i - a\sum x_i^2 - b\sum x_i = 0 \\ \sum y_i - a\sum x_i - nb = 0 \end{cases}$$

两式联立解得 a 和 b 为

$$\begin{cases} a = \dfrac{n\sum x_i y_i - \sum x_i \sum y_i}{n\sum x_i^2 - \left(\sum x_i\right)^2} \\ b = \dfrac{\sum y_i \sum x_i^2 - \sum x_i y_i \sum x_i}{n\sum x_i^2 - \left(\sum x_i\right)^2} \end{cases}$$

将此结果代入方程 $y = ax + b$ 中，即得我们所要求的实验结果的直线方程。从几何意义

上讲，a、b 分别代表了直线方程的斜率和截距。

在什么情况下可以把两个变量间的关系确定为直线关系呢？我们用一个数量的指标来描述两个变量线性关系的密切程度，这个指标称为相关系数，用 r 表示，可由下面的公式计算

$$r = \frac{L_{xy}}{\sqrt{L_{xx}L_{yy}}}$$

式中

$$L_{xx} = \sum x_i^2 - \frac{(\sum x_i)^2}{n}$$

$$L_{yy} = \sum y_i^2 - \frac{(\sum y_i)^2}{n}$$

$$L_{xy} = \sum x_i y_i - \frac{(\sum x_i)(\sum y_i)}{n}$$

x、y 实验数据的相关系数 r 的绝对值越接近 1，则 x、y 间的线性关系越好，如果 $|r| = 1$，则所有实验数据都在一条直线上，称 x 与 y 完全线性相关；如果 $r = 0$，则说明 x 与 y 毫无线性关系（或没有关系，或非线性关系）。对于一个具体的问题，只有相关系数 r 的绝对值大到某一起码值 r_q 时，才可用直线来近似地表示 x 与 y 间的关系，一般 r_q 与实验数据的个数 n 有关，见附表Ⅰ-3。

附表Ⅰ-3　相关系数检验表

$n-2$	r_q	$n-2$	r_q	$n-2$	r_q	$n-2$	r_q
1	0.997	11	0.553	21	0.413	35	0.325
2	0.950	12	0.532	22	0.404	40	0.304
3	0.878	13	0.514	23	0.396	45	0.288
4	0.811	14	0.497	24	0.388	50	0.273
5	0.754	15	0.482	25	0.381	60	0.250
6	0.707	16	0.468	26	0.374	70	0.232
7	0.666	17	0.456	27	0.367	80	0.217
8	0.632	18	0.444	28	0.361	90	0.205
9	0.602	19	0.433	29	0.355	100	0.195
10	0.576	20	0.423	30	0.349	200	0.138

附录Ⅱ

金属材料拉伸现象的细微观解释

材料受力时的力学行为，应由细观、微观构造及其性质所决定。

金属材料都具有晶体固态结构。由一个晶核生成的晶体中的原子都按一定规则、形状整齐地排列，这种晶体称为单晶体。多数金属材料是由许多随机分布的小晶体（称为晶粒）组成的，称为多晶体。

每个单晶体内金属原子按一定规则构成一空间点阵。下面我们仅以最基本的简单立方点阵在一个点阵平面内各原子受力时的力学表现解释金属材料的力学性能。

Ⅱ.1　金属材料的弹性和线性

金属原子之间随着原子间距的改变，其相互作用力本质上是电荷间的库仑力。当材料承受外力作用时，为了保持平衡，要求原子间沿外力作用方向伸长。这时材料内部原子间产生拉力，与外力平衡。如果材料受压，产生压缩，使原子间产生压力与外力平衡。构件受拉或受压时，多晶体每个晶粒内原子间位移的方向，不一定是金属原子键的结合方向。晶格的变形可反映每个金属原子受力实际是邻近原子作用力的合力。可知只要金属内原子之间晶格结构不变化，当外力去除时，位移 x 也随之消失，材料表现为完全弹性。

由于晶粒受力变形过程中受外界因素影响，规则的晶格点阵排列中间也包含各种缺陷而生成位错，这些结构上的缺陷大大降低了材料的强度。可见材料在不发生塑性变形的弹性阶段，位移只能在微小领域内变化，这时原子间的位移和受力之间显然有近似的线性关系。因而，由此组成的宏观材料的变形和受力，也必然有线性关系。

Ⅱ.2　金属材料的屈服

金属材料受晶轴方向拉伸时，可以破坏原子间的金属键；金属材料受沿晶轴方向剪切时，可以使相邻两排原子交错结合成新的金属键，从而使晶格结构发生不可逆转的永久改变，材料由此产生的这种永久变形称为塑性变形。

通过上述分析，可以用理论公式计算出金属材料的理论强度，但这种计算结果与实际测试结果相差1 000倍（理论计算结果大于实际测试结果）。

大多数研究解释了两种差别是由于实际材料晶体内部在晶格生成过程中不可避免地存在初始缺陷——晶格的畸变引起的。位错是引起晶格畸变的特殊缺陷。在众多阐述位错理论的书中特别详细地介绍了这方面的知识。在这里可以简单地认为，位错在外力作用下发生的定向移动称为滑移，滑移的结果将使靠近晶粒表面的位错移动到晶粒间的晶界处或者试样的外表面而形成滑移线或者滑移带。如果用光线照射，能看出明暗相间的条纹。由于拉伸试样的最大剪应力在与轴成45°的截面上，因而条纹首先发生在这一方向。

从分析中不难看出金属晶格的滑移是由于作用在晶面内的剪应力引起的，它将使材料发生永久变形。

低碳钢在屈服过程中，其应力-应变曲线上会产生锯齿形的应力值。出现这一现象主要是因为低碳钢是多晶体材料。由许多晶粒组成的多晶体的晶面方向是随机分布的，由于滑移首先沿45°的截面发生（最大剪应力作用方向），滑移发生后，对应新的晶格，金属原子间的伸长消失，原子间的引力也随之消失，从而导致该晶粒内材料的卸载，也使整个试样发生微小的卸载。随着位移控制加载继续进行，试样荷载又上升，直至晶面上剪应力较大的下一个晶粒发生滑移，试样荷载又下降。各晶粒逐次轮回经历加载、滑移、卸载、再加载的过程。在屈服阶段，滑移累积所引起的试样变形要远远大于试样在弹性阶段所发生的弹性变形。该阶段试样所受的荷载，只是在晶格发生初始滑移所需要的应力的附近做微小波动，形成了一段“屈服平台”。

Ⅱ.3 金属材料的应变强化

金属材料的塑性变形是晶体内部位错的定向移动造成的，但必须有一定大小的剪应力作用于晶面上，这种移动才能发生。使晶面方向产生滑移时的剪应力，这时刚好能克服晶体的滑移阻力，使滑移能够进行。随着晶格滑移数量的积累，在各晶粒的内部，将出现多个位错连续分布或堆积于晶界处的现象。这种连续分布的位错群，称为位错的塞积。根据对原子间库仑力的作用分析，可以得出位错的塞积将增大进一步滑移的阻力，这一结果也适于晶界处。因而，当晶粒内的位错塞积群达到一定密度时，必须加大作用于各晶面上的外力，即加大试样表面上的外力，才能克服由位错带来的滑移阻力，进而继续驱使位错群的移动，使晶体进一步累积滑移或塑性变形。可见，金属材料发生塑性变形的物理本质，就是晶格位错在外力作用下，不断产生、增殖、塞积和运动的宏观表现。

如果在强化阶段卸载，显然由晶格滑移产生的塑性变形不会消失，可以恢复的只能是对应当前晶格的原子间的位移，即弹性变形。既然都是弹性变形，这时材料的受力和变形的变化量之间当然应该服从线性关系。重复加载时，晶体内的位错群已经积累到一定程度，如果要使试样继续发生塑性变形，显然施加的外力必须能克服卸载前的滑移阻力，即达到或超过卸载前的外力值。这时对应的应力值为材料的后继屈服极限。在强化阶段卸载，显然材料的后继屈服极限高于初始的屈服极限，这种现象称为材料的冷作硬化。经过冷作硬化处理的材料或者构件，能使其承受更大的外力作用而不发生塑性变形，即扩展了材料弹性阶段的范围。这种处理方法在工程中得到了广泛的应用。

Ⅱ.4　金属材料颈缩与断裂

材料滑移能产生很大的塑性变形，塑性变形使试样变长、变细。发生滑移的晶粒处，总能引起试样横截面面积的减少，从而引起横截面上的平均应力变大。滑移累积程度不明显时，应力的增大可以由晶格滑移后产生的材料强化来弥补，达到稳定的平衡，因而可以形成前面所述的各个晶粒轮换滑移的机制。当荷载变大时，材料直径越来越小，材料应变强化所增加的滑移阻力将不足以抵消横截面变小的影响。滑移将在截面上继续发生，应力越来越大。显然，这时材料的塑性变形平衡将被打破，丧失稳定性。由于试样失稳现象的出现，试样的薄弱部位急剧变细，形成颈缩区。该部位的滑移和位错塞积将大大高于此前发生的累积。由于试样在该部位横截面面积骤减、应力集中影响及内部损伤的累积，细颈部的真实最大应力也将高出很多。对于颈缩区以外的材料，其作用在横截面上的轴力低于前面已经达到的最大值，所以不会产生进一步的塑性变形。由于局部变形阶段各部分材料的应力-应变有极大的差异，这时的工程应力-应变曲线已经不能具体统一说明各处的实际应力、应变间的关系，而只有名义的意义或者统计平均的意义。

随着局部变形继续增加，金属颈缩区域内的材料滑移将累积到很大的程度，这时位错塞积及位错群密度都会很严重。由位错理论和断裂力学知，在颈缩区内部三向拉力的作用下，密集的位错群前缘会产生很大的拉应力并且集中在局部区域，从而在汇集的位错群萌生微小裂纹，然后逐渐形成扩展性宏观裂纹。如果我们从试样的断口看去，可以发现试样形成锯齿状的纤维圆盘形断口。由断裂力学知识可知，裂纹扩展方向是与三向拉应力作用下的圆盘裂纹面方向扩展规律相一致的。当圆盘裂纹的前缘接近颈缩处试样的外表面时，由于自由表面的影响，表面附近处于二向应力状态，根据塑性屈服判据，在裂纹前端与外表面间将发生较大塑性变形的窄条韧带，它将加大裂纹扩展阻力。在继续增大裂纹前缘的应力后，裂纹将沿其前端最大剪应力方向扩展，因而形成微观（宏观）锯齿状裂纹扩展路径，最后断口有一明显剪切唇。

附录Ⅲ 实验报告

Ⅲ.1 金属材料的拉伸实验报告

姓名________班级________学号________实验日期________

1. 实验提供材料和设备

（1）直径尺寸 $d=10$ mm、实验段长度（标距）$l_0=100$ mm 的圆形横截面试件。

（2）材料：低碳钢和铸铁。

（3）游标卡尺。

（4）电子万能试验机。

2. 实验目的

（1）测定低碳钢的屈服极限 σ_s、强度极限 σ_b、延伸率 δ 和截面（断面）收缩率 ψ。

（2）测定铸铁的抗拉强度 σ_b。

（3）观察、比较塑性材料和脆性材料在拉伸过程中的各种物理现象（包括弹性、屈服、强化和颈缩、断裂等现象）。

（4）学习、掌握电子万能试验机和相关仪器的使用方法。

3. 实验方法及步骤

（1）根据实验目的，按照所提供的实验材料和仪器设备，自行设计实验方法及步骤，利用仪器设备分别量测出所需数据。

（2）根据测得的相应数据进行实验结果计算和分析。

4. 实验步骤

5. 实验设备

设备名称________型号________

量具名称________精度________

6. 实验记录与计算结果

（1）低碳钢试件原始尺寸记录表。

标距 l_0 /mm	直径/mm									最小横截面面积 A_0/mm²
	横截面 1			横截面 2			横截面 3			
	1	2	平均	1	2	平均	1	2	平均	

（2）铸铁试件原始尺寸记录表。

标距 l_0 /mm	直径/mm									最小横截面面积 A_0/mm²
	横截面 1			横截面 2			横截面 3			
	1	2	平均	1	2	平均	1	2	平均	

（3）低碳钢实验数据记录表。

屈服荷载 /kN	最大荷载 /kN	拉断后标距 l_1/mm	断口处直径/mm						断口处横截面面积 A_1/mm²
			1	2	平均	3	4	平均	

（4）低碳钢计算结果记录表。

强度指标/MPa		塑性指标/%	
σ_s	σ_b	δ	ψ

（5）铸铁计算结果记录表。

强度指标	最大荷载/kN	
	抗拉强度 σ_b/MPa	

7. 绘图

根据实验记录数据，分别绘制低碳钢和铸铁的 P-Δl 曲线图。

低碳钢拉伸曲线图

铸铁拉伸曲线图

8. 结论

简述拉伸实验原理，通过实验所得出的结论；并描述低碳钢和铸铁拉伸断裂后的断口形式。

9. 思考与分析

（1）低碳钢的屈服力如何确定?

（2）低碳钢和铸铁在拉伸时的力学性能有何不同?

Ⅲ.2 金属材料的扭转实验报告

姓名________班级________学号________实验日期________

1. 实验提供材料和设备

（1）直径尺寸 $d = 10$ mm、实验段长度（标距）$l_0 = 100$ mm 的圆形横截面试件。

（2）材料：低碳钢和铸铁。

（3）游标卡尺。

（4）微机控制扭转试验机。

2. 实验目的

（1）测定低碳钢的剪切屈服极限 τ_s，低碳钢和铸铁的剪切强度极限 τ_b。

（2）观察低碳钢和铸铁试件扭转时的破坏过程，分析它们在不同受力时力学性能的差异。

3. 实验方法及步骤

（1）根据实验目的，按照所提供的实验材料和仪器设备，自行设计实验方法及步骤，利用仪器设备分别量测出所需数据。

（2）根据测得的相应数据进行实验结果计算和分析。

4. 实验步骤

5. 实验设备

设备名称________型号________

量具名称________精度________

6. 实验记录与计算结果

（1）扭转试件原始尺寸表。

材料	直径/mm									最小横截面直径 d/mm
	横截面 1			横截面 2			横截面 3			
	1	2	平均	1	2	平均	1	2	平均	
低碳钢										
铸铁										

（2）实验数据报表。

材料	屈服强度/MPa	抗扭强度/MPa	破坏断口形状简图	破坏原因
低碳钢				
铸铁	/			

7. 根据实验记录数据，分别绘制低碳钢和铸铁的 M-φ 曲线图。

低碳钢扭转曲线图

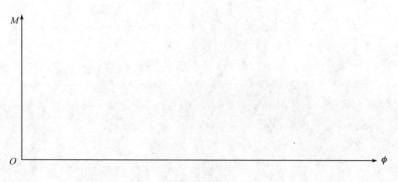

铸铁扭转曲线图

8. 结论

简述扭转实验原理，以及通过实验所得出的结论。

9. 思考与分析

（1）低碳钢和铸铁在扭转破坏过程中有什么不同的现象？

（2）根据拉伸、压缩和扭转实验的结果，综合分析低碳钢和铸铁的抗拉、抗压和抗剪能力。

Ⅲ.3 纯弯曲梁的正应力测试实验报告

姓名________班级________学号________实验日期________

1. 实验提供材料和设备

（1）纯弯曲梁正应力测试装置一套：截面尺寸为20 mm×40 mm的钢梁（其弹性模量$E=206\times10^9$ Pa=206 GPa），梁的纯弯曲段有矩形截面、I形截面、倒T形截面。

（2）应变片。

（3）静态电阻应变仪。

2. 实验目的

（1）用电测法测定纯弯曲梁横截面上正应力的分布规律，并计算与理论值的偏差。

（2）学会使用电阻应变仪，初步掌握电测方法。

3. 实验方法及步骤

（1）根据实验目的，按照所提供的实验材料和仪器设备，自行设计实验方法及步骤，利用仪器设备分别量测出所需数据；

（2）根据测得的相应数据进行实验结果计算。

4. 实验步骤

5. 实验设备

设备名称________型号________

量具名称________精度________

6. 实验装置简图

7. 实验记录与计算结果

（1）实验数据记录表。

荷载/kN		测点的应变读数/$\mu\varepsilon$									
P	ΔP	1		2		3		4		5	
应变增量平均值 $\Delta\bar{\varepsilon}_{测}$											

（2）实验计算结果表。

测点编号	1	2	3	4	5
应变修正值 $\Delta\bar{\varepsilon}_{实}\left(=\dfrac{2.0}{2.16}\Delta\bar{\varepsilon}_{测}\right)$					
应力实验值 $\Delta\bar{\sigma}_{实}$（$=E\cdot\Delta\bar{\varepsilon}_{实}$）/MPa					
应力理论值 $\Delta\bar{\sigma}_{理}\left(=\dfrac{\Delta M\cdot y}{I_z}\right)$/MPa					
误差 $e\left(=\dfrac{\Delta\bar{\sigma}_{理}-\Delta\bar{\sigma}_{实}}{\Delta\bar{\sigma}_{理}}\times 100\%\right)$					

8. 绘图

根据实验数据和理论计算，分别绘制出实测应力值和理论应力值的分布图。

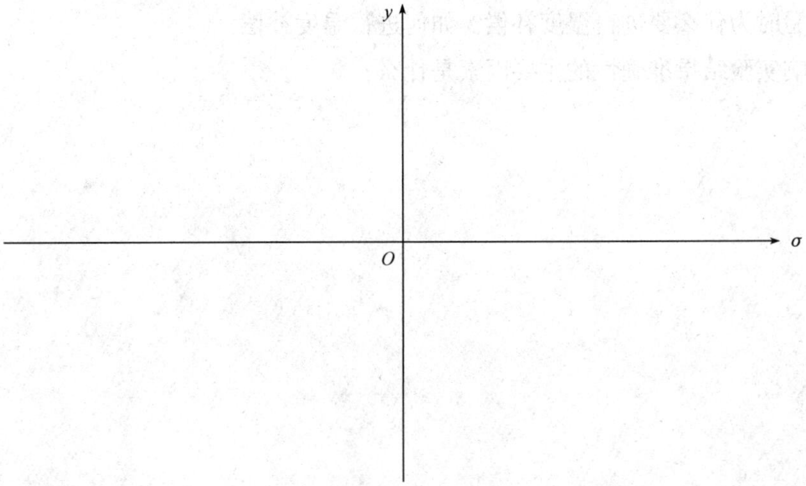

实测应力值分布图

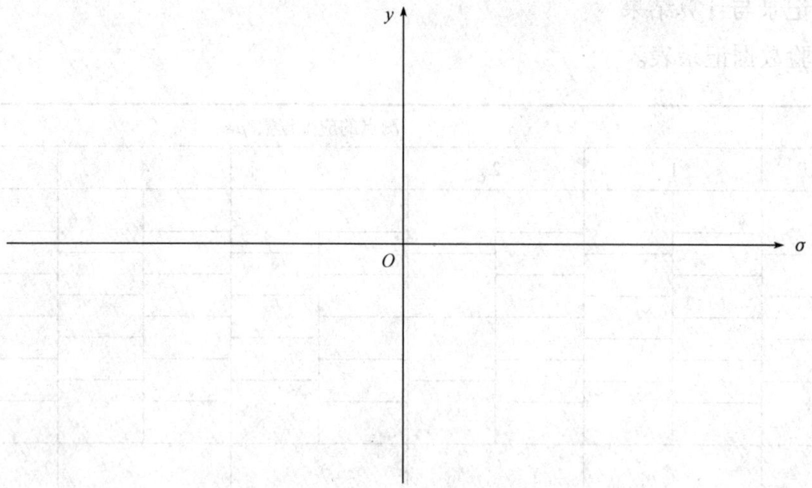

理论应力值分布图

9. 结论

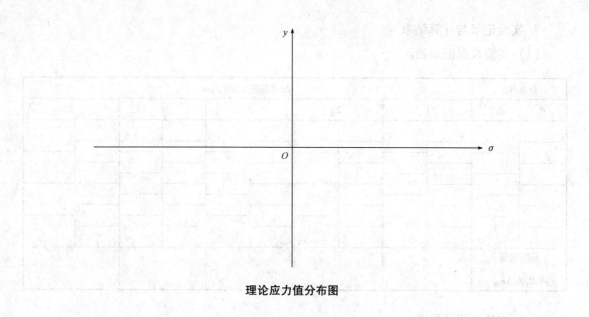

简述纯弯曲梁正应力测试原理，以及通过实验所得出的结论。

10. 思考与分析

（1）实验时为什么要进行温度补偿？如何进行温度补偿？

（2）影响实验结果准确性的主要因素是什么？

Ⅲ.4　剪切弹性模量 G 的测定实验报告

姓名________班级________学号________实验日期________

1. 实验提供材料和设备

（1）测 G 试验台。

（2）游标卡尺和钢卷尺。

2. 实验目的

（1）在剪切比例极限内，验证剪切胡克定律。

（2）测定低碳钢的剪切弹性模量 G。

（3）了解测 G 试验台的操作规程。

3. 实验方法及步骤

（1）根据实验目的，按照所提供的实验材料和仪器设备，自行设计实验方法及步骤，利用仪器设备分别量测出所需数据。

（2）根据测得的相应数据进行实验结果计算。

4. 实验步骤

5. 实验设备

设备名称________型号________

量具名称________精度________

6. 实验记录与计算结果

（1）原始数据表。

试件直径 d/mm	标距 l/mm	极惯性矩 I_p/mm^4	力臂长 R/mm	表臂长 a/mm

（2）实验记录表。

荷载 P/N	百分表读数 A/mm	百分表读数增量 F/mm	百分表读数 A/mm	百分表读数增量 Δl/mm
平均值				

（3）数据处理表。

扭矩增量 $\Delta M_n = \Delta P \cdot R$/（N·m）	百分表读数增量平均值 ΔA/mm	测点扭转角增量平均值 $\Delta\varphi = \frac{\Delta A}{\alpha}$/rad	剪切弹性模量平均值 $G = \frac{\Delta M_n \cdot l}{\Delta\varphi \cdot I_p}$/GPa

7. 绘图

绘制扭矩-扭角曲线图。

8. 思考与分析

实验过程中，可采用哪些措施来提高测量精度？

Ⅲ.5 金属材料的弹性模量 E 和泊松比 μ 的测定实验报告

姓名________班级________学号________实验日期________

1. 实验提供材料和设备

（1）电子万能试验机。

（2）游标卡尺。

（3）静态电阻应变仪。

（4）粘贴电阻应变片所使用的砂纸、丙酮、脱脂棉、502 胶、焊锡、25 W 电烙铁、画笔、烧杯、万用表、镊子、塑料薄膜等。

2. 实验目的

（1）了解电阻应变片的粘贴工艺技术过程，初步掌握电阻应变片的粘贴技术。

（2）学习用电测法测量弹性模量 E 和泊松比 μ 的方法。

3. 实验方法及步骤

（1）根据实验目的，按照所提供的实验材料和仪器设备，自行设计实验方法及步骤，利用仪器设备分别量测出所需数据。

（2）根据测得的相应数据进行实验结果计算。

4. 实验步骤

5. 实验设备

设备名称________型号________

量具名称________精度________

6. 试件及贴片形式

7. 实验记录与计算结果

（1）原始数据表。

试件	b	h
截面尺寸		

（2）实验记录表。

荷载 P/kN	纵向应变		横向应变	
	f	α	σ_P	σ_b
0				
P_1				
P_2				
P_3				
P_4				
平均值				

（3）数据处理表。

数据	$E_i = \dfrac{\Delta P}{\Delta \varepsilon_Z A}$	$\mu_i = \dfrac{\Delta \varepsilon_{H_i}}{\Delta \varepsilon_{Z_i}}$
1		
2		
3		
4		
算术平均值		

Ⅲ.6 弯扭组合空心圆轴主应力的测定实验报告

姓名________班级________学号________实验日期________

1. 实验提供材料和设备

（1）弯扭组合实验装置。

（2）静态电阻应变仪。

2. 实验目的

（1）学习电阻应变花的使用。

（2）测定弯扭组合变形中一点主应力的大小和方向，并与理论值比较，验证应力状态理论的正确性。

3. 实验方法及步骤

（1）根据实验目的，按照所提供的实验材料和仪器设备，自行设计实验方法及步骤，利用仪器设备分别量测出所需数据。

（2）根据测得的相应数据进行实验结果计算。

4. 实验步骤

5. 实验设备

设备名称________型号________

量具名称________精度________

6. 实验记录及计算结果。

（1）原始数据表

外径 D/mm	内径 d/mm	力臂 R/mm	抗弯截面模量 W/mm^3	抗扭截面模量 W_p/mm^3

（2）实验记录表。

P/N	ΔP/N	$\varepsilon_{45°}$	$\Delta\varepsilon_{45°}$	$\varepsilon_{0°}$	$\Delta\varepsilon_{0°}$	$\varepsilon_{-45°}$	$\Delta\varepsilon_{-45°}$	$\varepsilon_{45°}$	$\Delta\varepsilon_{45°}$	$\varepsilon_{0°}$	$\Delta\varepsilon_{0°}$	$\varepsilon_{-45°}$	$\Delta\varepsilon_{-45°}$
增量平均值													

（3）实验结果表。

	应力的理论值	应力的实验值	相对误差
σ_x			
τ_{yz}			
σ_1			
σ_2			
α_0			

7. 参考与分析

主应力测量值的误差是由哪些因素引起的？

附录Ⅳ

工程力学实验的国家标准

1. GB/T 228《金属材料拉伸试验》
2. GB/T 22315—2008《金属材料弹性模量和泊松比试验方法》
3. GB/T 5028—2008《金属材料薄板和薄带　拉伸应变硬化指数（*n* 值）的测定》
4. GB/T 7314—2017《金属材料室温压缩试验方法》
5. GB/T 10128—2007《金属材料室温扭转试验方法》
6. YB/T 5349—2014《金属材料弯曲力学性能试验方法》
7. GB/T 229—2007《金属材料夏比摆锤冲击试验方法》
8. GB/T 1040《塑料　拉伸性能的测定》
9. GB/T 1041—2008《塑料　压缩性能的测定》
10. GB/T 9341—2008《塑料　弯曲性能的测定》
11. GB/T 1447—2005《纤维增强塑料拉伸性能试验方法》
12. GB/T 8489—2006《精细陶瓷压缩强度试验方法》
13. GB/T 6569—2006《精细陶瓷弯曲强度试验方法》
14. GB/T 10700—2006《精细陶瓷弹性模量试验方法　弯曲法》
15. GB/T 8813—2008《硬质泡沫塑料压缩性能的测定》
16. GB/T 2567—2008《树脂浇铸体性能试验方法》
17. GB/T 1450. 1—2005《纤维增强塑料　层间剪切强度试验方法》
18. GB/T 4161—2007《金属材料　平面应变断裂韧度 KIC 试验方法》
19. GB/T 1451—2005《纤维增强塑料简支梁式冲击韧性试验方法》

参考文献

[1] 杨少红，刘燕．工程力学实验教程［M］．北京：科学出版社，2016.

[2] 王天宏，吴善幸，丁勇．材料力学实验指导书［M］．北京：中国水利水电出版社，2016.

[3] 张应红，杨孟杰．材料力学实验指导书［M］．西安：西安电子科技大学出版社，2016.

[4] 邓宗白，陶阳，金江．材料力学实验与训练［M］．北京：高等教育出版社，2014.

[5] 易义武．工程力学实验［M］．北京：化学工业出版社，2013.

[6] 蔡传国，陈平，韦忠瑄，等．工程力学实验［M］．北京：中国铁道出版社，2012.

[7] 范钦珊，王杏根，陈巨兵，等．工程力学实验［M］．北京：高等教育出版社，2006.